与《煤矿安全培训规定》配套

# 煤矿从业人员安全培训教材

## （2019 年新版）

**主　编**　王全明　李国晓　谢宝丰

**副主编**　吴玉军　李　佳　安铁梁　卢广银

**参　编**　王全明　赵启峰　张士勇　陈之元
苏富强　徐　永　刘云娟　张前进
朱登兴　张文斌　宁尚根　李　杰
杨　利　赵文哲　周志阳　李海英

**中国矿业大学出版社**

## 内 容 提 要

本书主要介绍了煤矿安全生产法律法规、煤矿安全管理、矿井安全生产知识、矿井灾害防治、煤矿安全避险“六大系统”、职业病防治、事故应急处置与自救互救、煤矿从业人员安全技能训练等知识，图文并茂，通俗易懂，案例丰富，适用于煤矿从业人员安全技术培训，也可供煤矿管理人员和工程技术人员参考。

**图书在版编目(CIP)数据**

煤矿从业人员安全培训教材 / 王全明，李国晓，谢宝丰主编. —徐州：中国矿业大学出版社，2019.2(2019.4 重印)

ISBN 978-7-5646-4335-5

Ⅰ. ①煤… Ⅱ. ①王… ②李… ③谢… Ⅲ. ①煤矿－矿山安全－技术培训－教材 Ⅳ. ①TD7

中国版本图书馆 CIP 数据核字(2019)第 007945 号

**书　　名**　煤矿从业人员安全培训教材
**主　　编**　王全明　李国晓　谢宝丰
**责任编辑**　郭　玉　于世连
**出版发行**　中国矿业大学出版社有限责任公司
(江苏省徐州市解放南路　邮编 221008)
**营销热线**　(0516)83885307　83884995
**出版服务**　(0516)83885767　83884920
**网　　址**　http://www.cumtp.com　**E-mail**：cumtpvip@cumtp.com
**印　　刷**　江苏淮阴新华印务有限公司
**开　　本**　850×1168　1/32　**印张** 8.375　**彩页** 6　**字数** 218 千字
**版次印次**　2019 年 2 月第 1 版　2019 年 4 月第 2 次印刷
**定　　价**　24.00 元

# 前　言

为贯彻《安全生产培训管理办法》和《煤矿安全培训规定》对煤矿从业人员培训的要求，我们按照国家安全生产监督管理总局和国家煤矿安全监察局发布的《煤矿从业人员安全生产培训大纲（试行）》编写了这本《煤矿从业人员安全生产培训教材》。

近年来，全国煤矿安全事故数量逐年下降，安全生产状况总体稳定、趋于好转，但形势依然十分严峻，事故总量仍然很大，非法违法生产现象严重，重特大事故多发频发，给人民群众生命财产安全造成了重大损失。进一步加强煤矿安全教育和培训工作对搞好煤矿安全生产有着十分重要的作用。

煤矿从业人员是我国煤矿生产一线的主力军，为我国煤炭事业的现代化建设作出了重要贡献。煤矿从业人员综合素质的提高是扭转当前煤矿安全生产严峻形势的根本途径之一。本书力图使煤矿从业人员熟悉有关煤矿安全生产的法律法规、规章制度和安全操作规程，掌握必要的安全生产知识，掌握本岗位的安全生产操作技能，增强预防事故、控制职业危害和应急处理的能力，具备安全生产的意识，养成安全生产的习惯。

本书具有如下特色：

（1）**紧扣大纲和题库。**本书紧扣最新的《煤矿从业人员安全生产培训大纲》和《煤矿井下从业人员考试题库》，知识点全面。

（2）**内容新颖。**本书编写严格按照 2018 年 12 月 29 日起实施的《职业病防治法》，2016 年 10 月 1 日起实施的《煤矿安全规程》和 2018 年 3 月 1 日起实施的《煤矿安全培训规定》以及最近几年颁布的其他法律法规，符合当前煤矿生产发展的特点，并选取许多最近几年发生的典型案例。

（3）**通俗易懂。**本书编写结合当前煤矿从业人员的文化水平特点，文字浅显易懂，并配以图、表、口诀等，易记易学。

（4）**案例丰富。**全书在介绍知识的同时，穿插了大量典型案例，便于学员理解。

（5）**突出实操训练。**本书在编写过程中，简化理论，突出可应用性知识的介绍，强调知识学习与本矿实际情况相结合。书中为学员编排了与本矿实际相结合的专门练习。最后一章基本技能训练部分，精心安排了6个实操训练。

本书由王全明、李国晓、谢宝丰担任主编，由吴玉军、李佳、安铁梁、卢广银担任副主编，全书最后由李国晓审定。本书在编写过程中得到了中国平煤神马集团、潞安集团、河南煤化集团、冀中能源峰峰集团、徐矿集团、山东能源枣庄矿业集团、郑煤集团郑新公司等单位的大力支持，在此表示衷心感谢！在本书的编写过程中作者参考了大量文献资料，在此对其作者表示诚挚的谢意！

**为了便于教学，我们为本书制作了电子课件，免费送订购本教材单位的培训教师，作者的电子邮箱为：tianyiwenhua111@126.com。**

# 目　录

# 煤矿从业人员安全培训学时安排

<table>
<tr><th rowspan="2">项目</th><th rowspan="2">培训内容</th><th colspan="2">学 时</th></tr>
<tr><th>露天煤矿</th><th>井工煤矿</th></tr>
<tr><td rowspan="9">培训</td><td>煤矿安全生产法律法规</td><td>4</td><td>4</td></tr>
<tr><td>煤矿安全管理</td><td>6</td><td>6</td></tr>
<tr><td>露天煤矿开采安全或井工煤矿开采安全</td><td>12</td><td>32</td></tr>
<tr><td>职业病防治</td><td>2</td><td>4</td></tr>
<tr><td>事故应急处置、自救与创伤急救</td><td>2</td><td>4</td></tr>
<tr><td>现场参观与基本技能训练</td><td>10</td><td>18</td></tr>
<tr><td>复习</td><td>2</td><td>2</td></tr>
<tr><td>考试</td><td>2</td><td>2</td></tr>
<tr><td>合计</td><td>40</td><td>72</td></tr>
<tr><td rowspan="4">再培训</td><td>有关安全生产方面的新的法律、法规、国家标准、行业标准、规程和规范；有关煤矿生产的新技术、新工艺、新设备和新材料及其安全技术要求；典型事故案例分析</td><td>16</td><td>16</td></tr>
<tr><td>复习</td><td>2</td><td>2</td></tr>
<tr><td>考试</td><td>2</td><td>2</td></tr>
<tr><td>合计</td><td>20</td><td>20</td></tr>
</table>

# 第一章　煤矿安全生产方针及法律法规

## 第一节　煤矿安全生产概述

### 一、煤矿安全生产形势及特点

改革开放40年来，特别是2000年建立国家煤矿安全监察体制后，我国煤矿安全生产各项工作取得了积极进展，全国煤矿安全生产形势持续稳定向好。1978年到2017年，全国煤炭年产量由6.18亿t增至35.2亿t，煤矿事故死亡人数由最多时7 000人左右降至375人。2018年前11个月，全国煤矿事故死亡人数295人，同比减少43人、下降12.7%，没有发生特别重大事故。煤矿安全生产工作创历史最好水平。

尽管近年来煤矿安全生产形势持续稳定好转，但煤矿安全生产形势依然严峻复杂，重特大事故时有发生，小煤矿数量多，煤矿灾害不断加重，企业主体责任不落实，安全欠账严重、抽掘采失调，煤矿安全风险管控和隐患排查治理不到位，安全基础仍不牢固，违法违规生产建设行为屡禁不止，监管监察执法还存在宽松软等问题。加之，煤炭市场供需平衡趋紧，个别区域、个别时段供给偏紧，易导致一些采掘失调的煤矿继续超强度超能力组织生产，系统性安全风险不容忽视。

全国煤矿安全生产工作要以习近平新时代中国特色社会主义思想为指导，深入贯彻落实习近平总书记关于应急管理和安全生产的重要论述，按照应急管理部和国家煤矿安全监察局工作部署，强化红线意识，坚持安全发展，以防范遏制煤矿重特大事故为重点，以推动企业主体责任落实为关键，坚持查大系统、控大风险、治大灾害、除大隐患、防大事故，坚持"管理、装备、素质、系统"并重，着力强化煤矿安全依法治理能力，着力推进科技进步，着力提升重大灾害治理水平，着力夯实煤矿安全基础，着力推动实现煤矿高质量发展，不断完善煤矿安全生产治理体系和提升治理能力，实现煤矿安全生产状况与全面建成小康社会目标相适应、达到中等发达国家安全水平，营造良好的煤矿安全生产环境。

## 二、煤矿安全生产方针

### (一) 安全生产方针的内容

安全生产方针是国家对安全生产工作总的要求，是安全生产工作的指导思想和行为准则。它是党和国家为确保广大劳动者的身体健康和生命安全，确保国家、集体、个人财产不受损失，确保生产的安全持续进行而制定的安全生产方针。2014 年修订的《中华人民共和国安全生产法》明确要求，安全生产工作应当以人为本，坚持安全发展，坚持安全第一、预防为主、综合治理的方针(图 1-1)，强化和落实生产经营单位的主体责任，建立生产经营单位负责、职工参与、政府监管、行业自律和社会监督的机制。煤矿企业安全生产也要遵循这一方针。

1. 安全第一

“安全第一”是指强调安全，强调人的生命与健康高于一切，安全优先，以人为本，把安全放在一切工作的首位。煤矿企业要树立红线意识，落实“不安全不生产，隐患不排除不生产，安全措施不落实不生产”的原则，井下从业人员要珍惜自身生命健康，保持随时、随地安全生产的习惯，杜绝侥幸心理，实现自主保安、相互保安。

2. 预防为主

“预防为主”是指实现安全生产的主要工作在于预防，把安全

图 1-1

生产工作的关口前移，超前防范，通过预防工作及时把各类事故消灭在萌芽之中。一切隐患都是可以消除的，一切事故都是可以预防的。煤矿企业要建立隐患排查、事故预防机制，采取有效的事前控制措施，保证安全生产。井下作业人员要自觉执行作业规程和操作规程，严格遵守劳动纪律，搞好安全生产。

3. 综合治理

“综合治理”是指综合运用各种手段，包括加强安全生产管理，保证安全生产投入，加强安全生产教育培训，做好业务保安、科技兴安工作，充分发挥各方面的安全监督作用，来保证安全生产。综合治理要求做到全方位、全过程、全员管理；重视科学技术对煤矿安全的重要支撑作用，提高煤矿生产机械化、自动化、信息化水平。综合治理是安全生产工作的重心所在，是保证安全管理目标实现的重要途径。

（二）安全生产方针对于井下一般从业人员的要求

（1）牢固树立“安全第一”的思想，不安全不生产。

（2）遵守班组安全管理制度，学法、知法、守法，树立依法进行煤矿安全生产作业的意识。

（3）遵纪守规，杜绝“三违”现象。

（4）遵守本工种质量标准化标准，按照安全操作规程作业，做到操作标准化。

（5）参加安全生产培训，掌握煤矿安全知识和实际操作技能。

（6）做好劳动保护，避免职业伤害。

（7）工作中随时检查自己所处的作业环境，做到自主保安和相互保安。

（8）树立安全意识，实现由“要我安全”向“我要安全”和“我能安全”的转变。

## 第二节　煤矿安全生产法律法规

煤矿安全生产法律法规体系由煤矿安全生产相关的法律、行政法规及规章标准构成。

### 一、主要安全生产法律法规（图 1-2）

图 1-2

1.《中华人民共和国安全生产法》(简称《安全生产法》)

《安全生产法》是为了加强安全生产监督管理,防止和减少生产安全事故,保障人民群众生命和财产安全,促进经济发展而制定的。该法自 2002 年制定,填补了我国安全生产领域的法律空白,于 2014 年 8 月进行了修订,新修订的《安全生产法》自 2014 年 12 月 1 日起施行。该法包括生产经营单位的安全生产保障、从业人员的安全生产权利和义务、安全生产的监督管理、生产安全事故的应急救援和调查处理、法律责任等内容。新修订的内容主要体现在以下几个方面:

(1) 强化和落实生产经营单位的安全生产主体责任。

① 确保生产经营单位安全生产责任制落实到位。

② 加大生产经营单位安全生产投入的保障力度。

③ 加强安全生产管理专业技术队伍建设。

④ 督促生产经营单位切实做好安全生产教育和培训工作。

⑤ 进一步强化生产经营单位的事故隐患排查治理工作。

(2) 完善监管措施,增强监管执行力。

① 适当扩大了监管部门在监督检查中可以采取查封、扣押措施的对象范围,增加规定可以查封、扣押违法生产、储存、使用、经营、运输的危险物品,以及可以查封违法生产、储存、使用、经营危险物品的作业场所。

② 针对实践中有些生产经营单位存在重大事故隐患,但拒不执行监管部门依法作出的停产停业等决定而导致事故发生的情况,为确保消除事故隐患,预防事故发生,在严格适用条件和程序的前提下,赋予监管部门相应的强制执行权,规定监管部门可以采取通知有关单位停止供电、停止供应民用爆炸物品,依法强制生产经营单位履行决定。

(3) 强化法律责任,加大对违法行为的惩处力度。

① 堵塞漏洞,对应予处罚的所有违法行为都规定了明确的法

律责任。

② 较大幅度地加重了处罚力度，提高了罚款数额，增加了对直接负责的主管人员和其他直接责任人员的处罚规定。

③ 实行“黑名单”制度，规定监管部门应当建立安全生产违法行为信息库，记录生产经营单位的安全生产违法行为信息；对违法行为情节严重的，可以向社会公示并通报行业主管部门以及投资、国土、证券监管等部门和有关金融机构。

(4) 根据行政审批制度改革的精神，对相关行政审批项目作了调整。

对现行安全生产法设定的审批项目作了两项调整：

① 将矿山等高危建设项目“安全条件论证”和“安全评价”这两项审批项目合并为“安全评价”一项；

② 对矿山等高危企业主要负责人和安全生产管理人员安全生产知识和管理能力的考核，不再与能否任职挂钩。

2.《中华人民共和国矿山安全法》(简称《矿山安全法》)

《矿山安全法》自 1993 年 5 月 1 日起施行。其立法的目的是：保障矿山安全生产，防止矿山事故，保护矿山职工的人身安全，促进采矿业的发展。

《矿山安全法》是调整劳动关系中关于保护劳动者在采矿生产过程中安全与健康的关系，有关国家机关和社会团体监督、检查矿山安全法规贯彻、执行情况所发生的关系准则。若矿山企业、事业单位及其行政主管部门(或法人代表)不履行《矿山安全法》的规定，本法的执行部门可以直接或请求有关机关依法强制其履行。因此，它是现阶段我国矿山企业在安全生产中必须遵循的大法。

3.《中华人民共和国煤炭法》(简称《煤炭法》)

《煤炭法》自 1996 年 12 月 1 日起施行，立法的目的是合理开发利用和保护煤炭资源，规范煤炭生产、经营活动，促进和保障煤炭行业的发展。《煤炭法》为煤炭的生产、经营活动确立了基本原则，从而使煤炭行业在法制轨道上健康发展。全国人民代表大会常务委员会在2009年8月、2011年4月、2013年6月对《煤炭法》进行了三次修改。

2013年《煤炭法》修改后取消了煤炭生产许可证和煤炭经营许可证，国家煤炭主管部门对于煤炭生产企业和煤炭经营企业的生产经营干预继续减少，煤炭生产企业不会因为没有煤炭生产许可证而无法生产，煤炭生产、经营企业也不会因为没有煤炭经营许可证而无法从事煤炭经营了。生产企业只要安全通过验收达标，不需要办理煤炭生产许可证就可以生产了；对于煤炭生产、经营企业不再需要办理煤炭经营许可证就可以从事煤炭经营了。这无疑给煤炭生产企业松了绑，有利于煤炭生产经营企业，轻装上阵，平等地参与煤炭生产和煤炭经营，平等地参与煤炭市场竞争。煤炭生产、交易的市场化程度进一步提高。

4.《中华人民共和国劳动法》(简称《劳动法》)

《劳动法》是为了保护劳动者的合法权益、调整劳动关系、建立和维护适应社会主义市场经济的劳动制度、促进经济发展和社会进步而制定的，新修订的《劳动法》自2018年12月29日起施行。

《劳动法》规定了劳动者享有的基本权利和义务。劳动者享有平等就业和选择职业的权利、取得劳动报酬的权利、休息休假的权利、获得劳动安全卫生保护的权利、接受职业技能培训的权利、享受社会保险和福利的权利、提请劳动争议处理的权利以及法律规定的其他劳动权利。劳动者应当完成劳动任务，提高职业技能，执行劳动安全卫生规程，遵守劳动纪律和职业道德。

国家实行劳动者每日工作时间不超过8小时、平均每周工作时间不超过44小时的工时制度。用人单位应当保证劳动者每周至少休息1日。劳动者连续工作一年以上的，享受带薪年休假。用人单位与劳动者发生劳动争议，当事人可以依法申请调解、仲裁、提起诉讼，也可以协商解决。

5.《中华人民共和国劳动合同法》(简称《劳动合同法》)

《劳动合同法》是为了完善劳动合同制度，明确劳动合同双方当事人的权利和义务，保护劳动者的合法权益，构建和发展和谐稳定的劳动关系而制定的。《劳动合同法》自 2008 年 1 月 1 日起施行，该法的修改方案于 2012 年 12 月 28 日通过，自 2013 年 7 月 1 日起施行。

《劳动合同法》规定，订立劳动合同，应当遵循合法、公平、平等自愿、协商一致、诚实信用的原则。用人单位招用劳动者时，应当如实告知劳动者工作内容、工作条件、工作地点、职业危害、安全生产状况、劳动报酬，以及劳动者要求了解的其他情况；用人单位有权了解劳动者与劳动合同直接相关的基本情况，劳动者应当如实说明。

6.《中华人民共和国职业病防治法》(简称《职业病防治法》)

最新修订的《职业病防治法》自 2018 年 12 月 29 日起施行。制定《职业病防治法》的目的是：预防、控制和消除职业病危害，防治职业病，保护劳动者健康及其相关权益，促进经济社会发展。最新修订的《职业病防治法》有如下特点：

(1) 明确了监管部门的监管职责。国家层面的职业卫生监督管理职责分工得到明确，安监部门的监管主体身份得到法律的确认，工作场所职业卫生监督管理部门明确为“安全生产监督管理部门”。

(2) 确立了地方首长负责制，提高了监管力度。根据修订后的法律规定，职业病防治工作按照防、治、保三个主要环节分别由安全生产监督管理部门、卫生部门、劳动保障部门负责。县级以上地方人民政府统一负责、领导、组织、协调本行政区域的职业病防治工作，建立健全职业病防治工作体制、机制，统一领导、指挥职业卫生突发事件应对工作；加强职业病防治能力建设和服务体系建设，完善、落实职业病防治工作责任制。

(3) 职业病诊断鉴定程序得到完善，劳动者权益得到有效保护。新《职业病防治法》明确了职业病防治施行“用人单位负责、行政机关监管、行业自律、职工参与和社会监督”的机制，围绕职业病诊断、鉴定环节如何获取相关资料，制定了有章可循的法律程序，并规定当事人可以就职业病诊断、鉴定提请相关部门进行调查仲裁。

7.《中华人民共和国刑法》修正案(六)

2006 年 6 月 29 日，第十届全国人民代表大会常务委员会第二十二次会议通过《中华人民共和国刑法》修正案(六)。该修正案中涉及安全生产的主要内容如下：

在生产、作业中违反有关安全管理的规定，因而发生重大伤亡事故或者造成其他严重后果的，处 3 年以下有期徒刑或者拘役；情节特别恶劣的，处 3 年以上 7 年以下有期徒刑。

强令他人违章冒险作业，因而发生重大伤亡事故或者造成其他严重后果的，处 5 年以下有期徒刑或者拘役；情节特别恶劣的，处 5 年以上有期徒刑。

安全生产设施或者安全生产条件不符合国家规定，因而发生重大伤亡事故或者造成其他严重后果的，对直接负责的主管人员和其他直接责任人员，处 3 年以下有期徒刑或者拘役；情节特别恶劣的，处 3 年以上 7 年以下有期徒刑。

8.《煤矿安全监察条例》

《煤矿安全监察条例》自 2000 年 12 月 1 日起施行。为了保障煤矿安全，规范煤矿安全监察工作，保护煤矿职工人身安全和身体健康，国务院制定了《煤矿安全监察条例》。国家对煤矿安全实行监察制度。煤矿安全监察机构按照国务院规定的职责，依照该条例的规定对煤矿实施安全监察。2013 年 7 月 18 日《国务院关于废止和修改部分行政法规的决定》对《煤矿安全条例》进行了修改，将

第三十七条和第四十三条中的“煤炭生产许可证”改为“安全生产许可证”，删去了第四十七条中的“煤炭生产许可证”。

9.《煤矿重大生产安全事故隐患判定标准》

为了准确认定、及时消除煤矿重大生产安全事故隐患，根据《安全生产法》和《国务院关于预防煤矿生产安全事故的特别规定》（国务院令第446号）等法律、法规，原国家安全生产监督管理总局制定了《煤矿重大生产安全事故隐患判定标准》，本标准自2015年12月3日起施行。该标准与现行煤矿安全规定和工作实际相衔接，最大限度地减少了引用标准判定重大隐患时的自由裁量权，提高了判定的可操作性。

煤矿重大生产安全事故隐患包括以下15个方面：

(1) 超能力、超强度或者超定员组织生产；

(2) 瓦斯超限作业；

(3) 煤与瓦斯突出矿井，未依照规定实施防突出措施；

(4) 高瓦斯矿井未建立瓦斯抽采系统和监控系统，或者不能正常运行；

(5) 通风系统不完善、不可靠；

(6) 有严重水患，未采取有效措施；

(7) 超层越界开采；

(8) 有冲击地压危险，未采取有效措施；

(9) 自然发火严重，未采取有效措施；

(10)使用明令禁止使用或者淘汰的设备、工艺；

(11) 煤矿没有双回路供电系统；

(12) 新建煤矿边建设边生产，煤矿改扩建期间，在改扩建的区域生产，或者在其他区域的生产超出安全设计规定的范围和规模；

(13) 煤矿实行整体承包生产经营后，未重新取得或者及时变更安全生产许可证而从事生产，或者承包方再次转包，以及将井下采掘工作面和井巷维修作业进行劳务承包；

(14) 煤矿改制期间，未明确安全生产责任人和安全管理机构，或者在完成改制后，未重新取得或者变更采矿许可证、安全生产许可证和营业执照；

(15) 其他重大事故隐患。

10.《生产安全事故报告和调查处理条例》

《生产安全事故报告和调查处理条例》自 2007 年 6 月 1 日起施行，共六章四十六条。制定《生产安全事故报告和调查处理条例》的总体思路是：生产安全事故报告和调查处理，既要及时、准确地查明事故原因，明确事故责任，使责任人受到追究，又要总结经验教训，落实整改和防范措施，防止类似事故再次发生。生产经营活动中发生的造成人身伤亡或者直接经济损失的生产安全事故的报告和调查处理，适用该条例。

11.《工伤保险条例》

最新修订的《工伤保险条例》自 2011 年 1 月 1 日起施行。制定《工伤保险条例》的目的是：保障因工作遭受事故伤害或者患职业病的职工获得医疗救治和经济补偿，促进工伤预防和职业康复，分散用人单位的工伤风险。该条例主要规定了工伤保险基金、工伤认定、劳动能力鉴定、工伤保险待遇、监督管理、法律责任等方面的内容。

12.《生产安全事故应急条例》

2019 年 3 月 1 日国务院公布了《生产安全事故应急条例》，自 2019 年 4 月 1 日起施行。《生产安全事故应急条例》是第一部专门针对生产安全事故应急工作的行政法规。它作为实施《安全生产法》、《突发事件应对法》的重要支撑，其颁布实施必将全面提高我国生产安全事故应急工作的法治水平和应急能力。针对生产经营单位的事故应急工作，它明确了三项制度、一个机制和四方面应急管理保障要求：应急预案制度、定期应急演练制度和应急值班制度，第一时间应急响应机制，人员、物资、科技和信息化四个方面应急管理保障要求。

## 二、煤矿安全生产相关法规(图 1-3)

图 1-3

1.《国务院关于特大安全事故行政责任追究的规定》

《国务院关于特大安全事故行政责任追究的规定》自 2001 年 4 月 21 日起施行。制定该规定的主要目的是：有效防范特大安全事故的发生，严肃追究特大安全事故的行政责任，保障人民群众生命、财产安全。

2.《安全生产违法行为行政处罚办法》(简称《处罚办法》)

新修订的《处罚办法》自 2015 年 7 月 1 日起施行。制定该办法的目的是：制裁安全生产违法行为，规范安全生产行政处罚工作，保证生产经营单位依法进行安全生产。它适用于县级以上人民政府安全生产监督管理部门对生产经营单位及其有关人员在生产经营活动中违反有关安全生产的法律、行政法规、部门规章、国家标准、行业标准和规程的违法行为实施行政处罚。

《处罚办法》第十六条规定：

安全监管监察部门依法对存在重大事故隐患的生产经营单位作出停产停业、停止施工、停止使用相关设施、设备的决定，生产经营单位应当依法执行，及时消除事故隐患。生产经营单位拒不执行，有发生生产安全事故的现实危险的，在保证安全的前提下，经本部门主要负责人批准，安全监管监察部门可以采取通知有关单位停止供电、停止供应民用爆炸物品等措施，强制生产经营单位履行决定。通知应当采用书面形式，有关单位应当予以配合。

安全监管监察部门依照前款规定采取停止供电措施，除有危及生产安全的紧急情形外，应当提前24小时通知生产经营单位。生产经营单位依法履行行政决定、采取相应措施消除事故隐患的，安全监管监察部门应当及时解除前款规定的措施。

3.《煤矿安全监察行政处罚办法》

《煤矿安全监察行政处罚办法》由国家安全生产监督管理总局颁布，自2015年7月1日起施行。

行政处罚的种类有：① 责令停止生产(施工)；② 责令限期达到要求(改正)；③ 责令停产整顿；④ 罚款；⑤ 责令改正；⑥ 吊销煤炭生产许可证；⑦ 各种行政纪律处分；⑧ 追究刑事责任。

第十条规定：

煤矿未依法提取或者使用煤矿安全技术措施专项费用的，责令限期改正，提供必需的资金；逾期不改正的，处5万元以下的罚款，责令停产整顿。

有前款违法行为，导致发生生产安全事故的，对煤矿主要负责人给予撤职处分，对个人经营的投资人处2万元以上20万元以下的罚款；构成犯罪的，依照刑法有关规定追究刑事责任。

4.《煤矿安全生产基本条件规定》

《煤矿安全生产基本条件规定》自2003年8月1日起施行。其主要内容包括：煤矿应当依法取得采矿许可证、煤炭生产许可证和营业执照。煤矿应建立、健全安全生产责任制。职工应培训合格,特种作业人员取得特种作业操作资格证书。矿井每年必须经过瓦斯等级鉴定。高瓦斯、煤与瓦斯突出矿井应有瓦斯抽放系统。矿井应当具备完整的独立通风系统,风量必须满足安全要求。矿井应实行入井检身制度,入井必须随身携带自救器。煤矿应建立应急救援组织。

5.《国务院办公厅关于进一步加强煤矿安全生产工作的意见》

为了深刻汲取事故教训,坚守发展决不能以牺牲人的生命为代价的红线,始终把矿工生命安全放在首位,大力推进煤矿安全治本攻坚,建立健全煤矿安全长效机制,坚决遏制煤矿重特大事故发生,经国务院同意,2013 年 10 月 2 日国务院办公厅以国办发〔2013〕99 号文件下发了《国务院办公厅关于进一步加强煤矿安全生产工作的意见》。

该文件指出,煤矿矿长要落实安全生产责任,切实保护矿工生命安全;要保护煤矿工人权益,研究确定煤矿工人小时最低工资标准,提高下井补贴标准,提高煤矿工人收入,严格执行国家法定工时制度,停产整顿煤矿必须按期发放工人工资;煤矿必须依法配备劳动保护用品,定期组织职业健康检查,加强尘肺病防治工作,建设标准化的食堂、澡堂和宿舍;要提高煤矿工人素质,加强煤矿班组安全建设,加快变“招工”为“招生”,强化矿工实际操作技能培训与考核,所有煤矿从业人员必须经考试合格后持证上岗。

**三、国家安监总局规章及文件**

1.《煤矿安全培训规定》

制定《煤矿安全培训规定》的目的是为了加强和规范煤矿安全培训工作,提高从业人员安全素质,防止和减少伤亡事故。该规定自 2018 年 3 月 1 日起施行。该规定中关于其他从业人员的部分条款如下:

**第四条** 煤矿企业是安全培训的责任主体,应当依法对从业人员进行安全生产教育和培训，提高从业人员的安全生产意识和能力。

煤矿企业主要负责人对本企业从业人员安全培训工作全面负责。

**第五条**　国家鼓励煤矿企业变招工为招生。煤矿企业新招井下从业人员，应当优先录用大中专学校、职业高中、技工学校煤矿相关专业的毕业生。

**第六条**　煤矿企业应当建立完善安全培训管理制度，制定年度安全培训计划，明确负责安全培训工作的机构，配备专职或者兼职安全培训管理人员，按照国家规定的比例提取教育培训经费。其中，用于安全培训的资金不得低于教育培训经费总额的百分之四十。

**第七条**　对从业人员的安全技术培训，具备《安全培训机构基本条件》(AQ/T8011)规定的安全培训条件的煤矿企业应当以自主培训为主，也可以委托具备安全培训条件的机构进行安全培训。

不具备安全培训条件的煤矿企业应当委托具备安全培训条件的机构进行安全培训。

从事煤矿安全培训的机构，应当将教师、教学和实习与实训设施等情况书面报告所在地省级煤矿安全培训主管部门。

**第八条**　煤矿企业应当建立健全从业人员安全培训档案，实行一人一档。煤矿企业从业人员安全培训档案的内容包括：

（一）学员登记表，包括学员的文化程度、职务、职称、工作经历、技能等级晋升等情况；

（二）身份证复印件、学历证书复印件；

（三）历次接受安全培训、考核的情况；

（四）安全生产违规违章行为记录，以及被追究责任，受到处分、处理的情况；

（五）其他有关情况。

煤矿企业从业人员安全培训档案应当按照《企业文件材料归

档范围和档案保管期限规定》(国家档案局令第10号)保存。

**第九条** 煤矿企业除建立从业人员安全培训档案外,还应当建立企业安全培训档案,实行一期一档。煤矿企业安全培训档案的内容包括:

(一)培训计划;

(二)培训时间、地点;

(三)培训课时及授课教师;

(四)课程讲义;

(五)学员名册、考勤、考核情况;

(六)综合考评报告等;

(七)其他有关情况。

对煤矿企业主要负责人和安全生产管理人员的煤矿企业安全培训档案应当保存三年以上,对特种作业人员的煤矿企业安全培训档案应当保存六年以上,其他从业人员的煤矿企业安全培训档案应当保存三年以上。

**第三十二条** 煤矿其他从业人员应当具备初中及以上文化程度。

本规定所称煤矿其他从业人员,是指除煤矿主要负责人、安全生产管理人员和特种作业人员以外,从事生产经营活动的其他从业人员,包括煤矿其他负责人、其他管理人员、技术人员和各岗位的工人、使用的被派遣劳动者和临时聘用人员。

**第三十三条** 煤矿企业应当对其他从业人员进行安全培训,保证其具备必要的安全生产知识、技能和事故应急处理能力,知悉自身在安全生产方面的权利和义务。

**第三十四条** 省级煤矿安全培训主管部门负责制定煤矿企业其他从业人员安全培训大纲和考核标准。

**第三十五条** 煤矿企业或者具备安全培训条件的机构应当按照培训大纲对其他从业人员进行安全培训。其中,对从事采煤、掘进、机电、运输、通风、防治水等工作的班组长的安全培训,应当由其所在煤矿的上一级煤矿企业组织实施;没有上一级煤矿企业的,由本单位组织实施。

煤矿企业其他从业人员的初次安全培训时间不得少于七十二学时,每年再培训的时间不得少于二十学时。

煤矿企业或者具备安全培训条件的机构对其他从业人员安全培训合格后,应当颁发安全培训合格证明;未经培训并取得培训合格证明的,不得上岗作业。

**第三十六条**　煤矿企业新上岗的井下作业人员安全培训合格后,应当在有经验的工人师傅带领下,实习满四个月,并取得工人师傅签名的实习合格证明后,方可独立工作。

工人师傅一般应当具备中级工以上技能等级、三年以上相应工作经历和没有发生过违章指挥、违章作业、违反劳动纪律等条件。

**第三十七条**　企业井下作业人员调整工作岗位或者离开本岗位一年以上重新上岗前,以及煤矿企业采用新工艺、新技术、新材料或者使用新设备的,应当对其进行相应的安全培训,经培训合格后,方可上岗作业。

第八条第二款煤矿企业从业人员安全培训档案应当按照《企业文件材料归档范围和档案保管期限规定》(国家档案局令第10号)保存。煤矿企业从业人员安全培训档案记录了煤矿从业人员接受安全培训考核、安全生产违规违章行为等重要信息,是证明煤矿从业人员参加安全培训的重要材料,应按照《企业文件材料归档范围和档案保管期限规定》中"企业职工培训工作文件材料重要的要保管30年"的规定执行,安全培训档案可为书面档案,也可为电子档案。

第三十五条第二款煤矿企业其他从业人员的初次安全培训时间不得少于七十二学时,每年再培训的时间不得少于二十学时。本条中的"初次安全培训"和"每年再培训"是指脱产培训,不得以班前(后)会等形式代替。

2.《煤矿安全规程》

《煤矿安全规程》是为了保障煤矿安全生产和从业人员人身安全与健康，防止煤矿事故与职业危害而制定的。《煤矿安全规程》的修订版自2016年10月1日起施行。

《煤矿安全规程》修订后由原来的四编增加到六编；原《煤矿安全规程》共751条，本次修改后变为721条，减少30条，字数由11.2万字变为11.3万字。修改的主要内容涉及以下七个方面。

一是突出了《煤矿安全规程》在煤矿安全及煤炭行业的主体地位，注重妥善处理《煤矿安全规程》与法律法规、部门规章、标准相衔接。对照并满足《安全生产法》《职业病防治法》对煤矿企业的安全生产责任制、安全管理制度、安全投入、从业人员权利与义务、教育培训、以及职业病危害等要求，增加了应急救援等内容。

二是强化了红线意识和底线思维，依法办矿、依法管矿与依法监察并重，提高安全生产准入门槛。严格限制各类矿井的采深、同时生产水平数、矿井通风方式、突出矿井和冲击地压矿井开采，严禁非正规开采，提高了矿井通风、提升、运输、排水、压风、供电、监控、通讯等系统的要求，严格机电设备选型和安全防护等要求；进一步明确了矿井安全避险系统、人员位置监测系统和井下应急广播系统的建设要求；在修订过程中，要求每一条款尽量明确、具体，删除了"可靠的""确保""保证"等表述，进一步增强《煤矿安全规程》的可操作性、可执行性和可监察性。

三是调整了《煤矿安全规程》的框架结构，由四编扩增为六编，结构更趋合理。将煤矿救护拓展为应急救援，单独作为一编，从法规层面进一步要求企业强化应急处置能力，加强救援队伍、装备的建设和配备；增加了地质保障一编，注重强化煤矿灾害地质因素探测，从预防事故出发，在煤矿建设、生产活动的全过程提供基础保障。

四是突出以人为本，完善职业病危害防治。明确当瓦斯超限达到断电浓度时或发现突出预兆时，班组长、瓦斯检查工、矿调度员有权责令现场作业人员停止作业，停电撤人。完善了职业病危害防治内容，突出做好防降尘和职业健康保护工作，提高了采掘设备内外喷雾工作压力，增加了井下热害防治、作业场所噪音和有害气体监测和防护的要求，增加了职业健康监护和管理内容。注重与相关规定的一致性。

五是删除了国家明令禁止和淘汰的设备、材料和工艺技术，以及在生产过程中存在隐患的工艺技术及装备等。如吊罐式凿井法、木垛盘支护、非正规开采、单体支柱放顶煤开采、专用排瓦斯巷、使用震动爆破揭穿突出煤层、采煤工作面金属摩擦支柱、油浸式电气设备、地面临时火药库、硝化甘油类炸药、井下辅助通风机等。

六是增加了法律法规、标准文件规定的新内容，删除了非行政许可的审批、备案、评估等要求。增加了（鉴定、检测、检验）机构对其作出的结果负责、煤矿闭坑报告、安全生产许可证制度、“三同时”、突出矿井先抽后建、煤矿停工停产期间的安全措施；删除了对煤矿瓦斯等级鉴定、煤尘爆炸性鉴定、煤的自燃倾向性鉴定、放顶煤开采审批（或备案）等要求。

七是规范了适用新技术、新装备的安全要求。增加了建井期间的反井钻机、伞钻、抓岩机、挖掘机、模板台车等要求，以及机械化充填采煤、连续采煤机采煤的安全规定；增加了井下连续采煤机、综掘机、无轨胶轮车、单轨吊、无极绳牵引车、连续运输机、卡轨车等装备的安全要求，以及运煤车、铲车、梭车、履带式行走支架、锚杆钻车、给料破碎机、连续运输系统或桥式转载机等掘进机后配套设备的相关规定；增加了提升机、架空乘人装置等的安全保护要求；对无人值守做出规定，新增自动化运行的主要通风机、箕斗提升机、水泵房，可不配备专职司机，但应当定时巡检，实现地面集中监控并有视频监视的变电硐室可不设专人值班等规定；增加使用高分子材料进行安全性和环保性评估，并建立安全监测制度的要求；增加了煤矿井下电池电源和许用数码电雷管的规定。

《煤矿安全规程》以安全生产法律法规为依据，坚持煤矿安全生产方针，以先进的科学技术为导向，以安全生产实践为基础，结合我国煤矿技术和装备水平的实际情况，逐步趋于完善和科学，具有权威性、强制性、实用性、规范性和可操作性等特点，是煤矿企业必须遵守的法定规程。

《煤矿安全规程》规定煤矿企业必须遵守有关安全生产的法律、法规、规章、规程、标准和技术规范，建立各类人员安全生产责任制；明确了职工有权制止违章作业、拒绝违章指挥。井工部分规定了开采、“一通三防”管理、提升运输管理、机电管理，以及爆破作业涉及的安全生产行为标准。露天部分规范了采剥、运输、排土、滑坡和水火防治、电气及设备检修标准。职业危害部分规定了必须做好职业危害的防治与管理工作，以及职业卫生劳动保护工作，使职工健康得到保护。

3.《煤矿矿用产品安全标志管理暂行办法》

《煤矿矿用产品安全标志管理暂行办法》是为了加强煤矿矿用产品安全管理，保障煤矿安全生产和职工人身安全与健康而制定的，自 2002 年 1 月 1 日起施行。

该办法规定了对可能危及煤矿职工人身安全和健康的矿用产品实行安全标志管理；实行安全标志管理的矿用产品，必须依照该办法的规定取得矿用产品安全标志。任何单位和个人不得出售、采购和使用纳入安全标志管理目录但未取得安全标志的矿用产品。

矿用产品安全标志由安全标志证书和安全标志标识两部分组成。安全标志（MA 标志）由国家煤矿安全监察局统一监制。

4.《煤矿作业场所职业病危害防治规定》

为加强煤矿作业场所职业病危害的防治工作，强化煤矿企业职业病危害防治主体责任，预防、控制职业病危害，保护煤矿劳动者健康，国家安全生产监督管理总局第 73 号令公布了《煤矿作业场所职业病危害防治规定》，自 2015 年 4 月 1 日起施行。

《煤矿作业场所职业病危害防治规定》规定，煤矿是本企业职业病危害防治的责任主体；职业病危害防治坚持以人为本、预防为主、综合治理的方针，按照源头治理、科学防治、严格管理、依法监督的要求开展工作；煤矿应当建立健全职业病危害防治领导机构，制定职业病危害防治规划，明确职责分工和落实工作经费，加强职业病危害防治工作；煤矿应当设置或者指定职业病危害防治的管理机构，配备专职职业卫生管理人员，负责职业病危害防治日常管理工作。

5.《煤矿企业安全生产许可证实施办法》

新修订的《煤矿企业安全生产许可证实施办法》自 2016 年 4 月 1 日起实施。国家对煤矿生产实行安全许可制度，是优化安全生产资源配置、规范煤炭生产秩序、提高煤矿本质安全化程度和安全保障能力、促进煤矿安全生产的有效手段。《煤矿企业安全生产许可证实施办法》的制定目的是为了进一步规范煤矿企业安全生产条件，做好煤矿企业安全生产许可证的颁发管理工作。该办法的实施对严格煤矿安全许可，提升煤矿安全生产准入水平，遏制煤矿重特大事故发挥了重要作用。煤矿企业必须依照该实施办法的规定取得安全生产许可证。未取得安全生产许可证的，不得从事生产活动。

## 四、法律责任

法律责任是指违法者对其违法所造成的对社会和受害者的危害应承担的法律后果。

### （一）煤矿常见违法行为

根据《安全生产法》、《矿山安全法》、《煤炭法》、《煤矿安全监察条例》等法律法规，煤矿生产中常见的违法行为有很多。列举如下：

(1) 安全设施和条件不符合国家安全标准、行业安全标准、《煤矿安全规程》和行业技术规范。

(2) 未使用专用器材设备，或使用不符合国家安全标准或者行业安全标准的设备、器材、仪器、仪表、防护用品。

(3) 未按规定搞安全教育和培训。

(4) 煤矿作业场所的瓦斯、粉尘或者其他有毒有害气体的浓度超过标准。

(5) 违章指挥、违章作业、违反劳动纪律等。

(6) 对事故预兆或者已发现的事故隐患不及时采取措施。

(7) 拒绝、阻碍煤矿安全监察机构及其安全监察人员现场检查，或者提供虚假情况，或者隐瞒存在的事故隐患。

(8) 超能力生产等。

此外，看见别人违章不加制止，或者安全管理人员看见装没看见，听之任之，不加制止，这样的行为也属于违法行为。

(二) 煤矿安全生产相关的犯罪(图 1-4)

1. 重大责任事故罪

《中华人民共和国刑法》规定：在生产、作业中违反有关安全管理的规定，因而发生重大伤亡事故或者造成其他严重后果的，处三年以下有期徒刑或者拘役；情节特别恶劣的，处三年以上七年以下有期徒刑。强令他人违章冒险作业，因而发生重大伤亡事故或者造成其他严重后果的，处五年以下有期徒刑或者拘役；情节特别恶劣的，处五年以上有期徒刑。

2. 重大安全事故罪

《中华人民共和国刑法》规定：安全生产设施或者安全生产条件不符合国家规定，因而发生重大伤亡事故或者造成其他严重后果的，对直接负责的主管人员和其他直接责任人员，处三年以下有期徒刑或者拘役；情节特别恶劣的，处三年以上七年以下有期徒刑。

图 1-4

3. 危险物品肇事罪

《中华人民共和国刑法》规定：违反爆炸性、易燃性、放射性、毒害性、腐蚀性物品的管理规定，在生产、储存、运输、使用中发生重大事故，造成严重后果的，处三年以下有期徒刑或者拘役；后果特别严重的，处三年以上七年以下有期徒刑。

4. 工程重大安全事故罪

《中华人民共和国刑法》规定：建设单位、设计单位、施工单位、工程监理单位违反国家规定，降低工程质量标准，造成重大安全事故的，对直接责任人员，处五年以下有期徒刑或者拘役，并处罚金；后果特别严重的，处五年以上十年以下有期徒刑，并处罚金。

5. 不报、谎报安全事故罪

《中华人民共和国刑法》规定：在安全事故发生后，负有报告职责的人员不报或者谎报事故情况，贻误事故抢救，情节严重的，处三年以下有期徒刑或者拘役；情节特别严重的，处三年以上七年以下有期徒刑。

**【案例1-1】** 2009年9月8日，位于平顶山市新华区的某矿发生特别重大瓦斯爆炸事故，造成76人死亡。平顶山市新华区煤炭工业局原局长康××、原副局长郭××、第一煤管站原站长王××、原副站长范××等4名被告人以玩忽职守罪分别被判处有期徒刑六年、五年六个月、五年、四年六个月。该矿原矿长李××、原副矿长韩××、侯×、邓××以危害社会公共安全罪分别被一审判处死刑、死刑、无期徒刑和有期徒刑十五年。原矿长助理周××以强令违章冒险作业罪被一审判处有期徒刑十三年。

## 第三节　农民工、女职工和未成年工的保护

对于农民工、女职工和未成年工等弱势群体，煤矿生产安全管理中应予以特别关照。

### 一、煤矿农民工劳动保护

虽然农民工在煤矿生产中已经占据了重要地位，但由于缺乏相应的组织和能力，其合法权益经常被无端侵害。政府为了保护农民工的合法权益，改善农民工的就业环境，制定了多项措施。《国务院关于解决农民工问题的若干意见》中对于保障农民工职业安全卫生权益做出了明确规定：

(1) 用人单位要向新招用的农民工告知劳动安全、职业危害事项，发放符合要求的劳动防护用品，对从事可能产生职业危害作业的人员定期进行健康检查。

(2) 加强农民工职业安全、劳动保护教育，增强农民工自我保护能力。

(3) 从事高危行业和特种作业的农民工要经专门培训、持证上岗。

(4) 有关部门要切实履行职业安全和劳动保护监管职责。

(5) 依法将农民工纳入工伤保险范围。

此外,相关规定还要求:农民工与其他人员同工同酬,在劳动报酬方面不得对农民工设置障碍,进行歧视;对连续在煤矿工作时间长的农民工,可签订无固定期限的劳动合同,为农民工提高自身素质、扎根矿山,稳定煤矿职工队伍创造条件。

**【案例 1-2】** 山东新汶矿业集团某矿在维护农民工权益、调动农民工的劳动积极性方面做了大量工作,取得了显著的效果。该矿与全部农民工都签订了劳动合同,并为他们办理了工伤保险,同时还为 199 名骨干农民工建立了养老保险和医疗保险。该矿按时发放农民工的工资,从不拖欠农民工的工资。该矿不断地改善农民工的工作和生活环境,为一线农民工准备了班前、班中和班后餐,使他们有充沛的精力投入到工作中。矿组织专门的人员对食堂、澡堂和农民工宿舍等进行不定期检查,保证职工有一个舒适的生活环境。人事部门还建立农民工档案,有农民工子女考入大学、家庭成员患有重大疾病的为其办理救济补助,解除大家的后顾之忧。这样,广大农民工和其他矿工一样,企业与职工建立了和谐的劳动关系,农民工把煤矿当作了自己的家,有力地促进了矿井的发展。

## 二、女职工和未成年工保护

煤矿行业属于特殊行业,对女职工和未成年工需要进行特殊保护(图 1-5)。有关法律的相关规定主要有:

(1)《劳动法》规定:

禁止用人单位招用未满十六周岁的未成年人。

国家对女职工和未成年工实行特殊劳动保护。未成年工是指年满十六周岁未满十八周岁的劳动者。

禁止安排女职工从事矿山井下、国家规定的第四级体力劳动强度的劳动和其他禁忌从事的劳动。

不得安排女职工在哺乳未满一周岁的婴儿期间从事国家规定的第三级体力劳动强度的劳动和哺乳期禁忌从事的其他劳动,不

图 1-5

得安排其延长工作时间和夜班劳动。

不得安排未成年人从事矿山井下、有毒有害、国家规定的第四级体力劳动强度的劳动和其他禁忌从事的劳动。

(2)《职业病防治法》规定：

用人单位不得安排未成年工从事接触职业病危害的作业；不得安排孕期、哺乳期的女职工从事对本人和胎儿、婴儿有危害的作业。

## 第四节　劳动保护与劳动合同基本知识

### 一、劳动保护

1. 劳动保护的必要性

煤矿井下的作业环境复杂，主要表现为劳动条件艰苦、生产工艺复杂、自然灾害严重，所以应加强煤矿工人的劳动保护。《煤炭法》第四十四条规定：煤矿企业应当依法为职工参加工伤保险，缴纳工伤保险费。鼓励企业为井下作业职工办理意外伤害保险，支付保险费。劳动保护包括劳动安全、劳动卫生、工时休息和女职工及未成年工保护等。

2. 相关法律规定

劳动保护，就是依靠科技进步和先进的管理，采取技术和组织措施，消除劳动过程中危及人身安全和健康的不良行为和条件，防止伤亡事故和职业危害，保障劳动者在劳动时的安全和健康。

我国《宪法》第四十二条规定：中华人民共和国公民有劳动的权利和义务。国家通过各种途径，创造劳动就业条件，加强劳动保护，改善劳动条件，并在发展生产的基础上，提高劳动报酬和福利待遇。国家对就业前的公民进行必要的劳动就业训练。

《煤炭法》第八条规定：各级人民政府及其有关部门和国家煤矿企业必须采取措施加强劳动保护，保障煤矿职工的安全和健康。国家对煤矿井下作业的职工采取特殊保护措施。

《劳动法》对我国劳动者的工作时间和休息休假进行了明确规定，也对我国劳动者与用人单位签订劳动合同进行了规定。《煤炭法》和《安全生产法》等法律也对煤矿职工的劳动保护用品的发放和使用进行了相应的规定。

## 二、劳动合同

### 1. 劳动合同制

我国现行劳动用工制度是劳动合同制。劳动合同制是通过订立劳动合同这种法律形式来确立和调整用人单位与劳动者之间的劳动关系的一种用工制度。依据这种制度，用人单位在招收录用劳动者时，必须按照国家法律法规和政策订立劳动合同（图1-6）。

劳动合同包括如下几类：

（1）固定期限劳动合同。

（2）无固定期限劳动合同。

（3）以完成一定工作任务为期限的劳动合同。

### 2. 劳动合同的订立

《劳动法》第十七条规定，订立和变更劳动合同，应当遵循平等自愿、协商一致的原则，不得违反法律、行政法规的规定。

图 1-6

（1）平等，是指用人单位（煤矿企业，下同）与劳动者（职工，下同）之间法律地位完全平等。

（2）自愿，是指用人单位和劳动者在自由表达各自真实意愿的基础上签订的劳动合同。

（3）协商一致，是指用人单位和劳动者一起对劳动合同的各项条款，经过充分协商，取得完全一致意见时，才能订立劳动合同。

（4）劳动合同的订立必须符合法定的程序。

3. *劳动合同的内容*

劳动合同的内容，是指合同中需要确定的劳动合同双方当事人的权利、义务及相关事项，包括法定条款和约定条款两部分。

《劳动法》第十九条规定：劳动合同应当以书面形式订立，并具备以下条款：① 劳动合同期限；② 工作内容；③ 劳动保护和劳动条件；④ 劳动报酬；⑤ 劳动纪律；⑥ 劳动合同终止的条件；⑦ 违反劳动合同的责任。劳动合同除前款规定的必备条款外，当事人可以协商约定其他内容。

此外,《劳动法》第二十一条规定:劳动合同可以约定试用期。试用期最长不得超过六个月。

4. 劳动合同的解除

解除劳动合同必须满足如下条件:

(1) 双方自愿;

(2) 平等协商;

(3) 不得损害一方利益。

《劳动法》第二十五条规定:劳动者有下列情形之一的,用人单位可以解除劳动合同:

(1) 在试用期间被证明不符合录用条件的;

(2) 严重违反劳动纪律或者用人单位规章制度的;

(3) 严重失职,营私舞弊,对用人单位利益造成重大损害的;

(4) 被依法追究刑事责任的。

《劳动法》第二十六条规定:有下列情形之一的,用人单位可以解除劳动合同,但是应当提前三十日以书面形式通知劳动者本人:

(1) 劳动者患病或者非因工负伤,医疗期满后,不能从事原工作也不能从事由用人单位另行安排的工作的;

(2) 劳动者不能胜任工作,经过培训或者调整工作岗位,仍不能胜任工作的;

(3) 劳动合同订立时所依据的客观情况发生重大变化,致使原劳动合同无法履行,经当事人协商不能就变更劳动合同达成协议的。

5. 违反劳动合同行为的处理

依据《劳动法》的规定,违反劳动合同应承担的法律责任主要包括经济责任、行政责任及刑事责任(图 1-7)。

图 1-7

(1) 因违反劳动合同,给对方造

成经济损失的，应根据其后果和责任的大小予以赔偿。

(2) 劳动者违反劳动纪律和用人单位规章制度，应接受本单位的批评和教育，以及适当的行政处分。

(3) 用人单位违反劳动法规或劳动合同，造成事故，使劳动者生命、财产遭受损失的，应追究用人单位的行政责任；损害劳动者身体健康的，应负责给予治疗，并向致病致残者支付各项用人费用；触犯刑律，构成犯罪者，由司法机关追究刑事责任。

**【案例 1-3】** 2003 年 3 月 1 日，王平与许庄煤矿签订劳动合同书，合同期限自 2003 年 3 月 1 日起至 2008 年 2 月 28 日止。2006 年 2 月 12 日晚，王平在燃放鞭炮过程中被炸伤，致右眼球摘除，左眼眼眶下壁骨折，被鉴定为五级伤残。2006 年 6 月王平出院后回到许庄煤矿继续从事井下采掘工作。2006 年 9 月因王平身体状况不能胜任井下采掘工作，许庄煤矿将王平调至矿调度室工作。2007 年 4 月底，因王平视力问题不能从事调度室的调度记录工作，许庄煤矿将王平调至煤矿木厂工作，但其仍不能胜任。2008 年 4 月 15 日许庄煤矿向王平送达了解除劳动合同通知书，王平拒绝签字。2008 年 5 月 17 日，许庄煤矿停止了王平的工作。王平向当地法院起诉了许庄煤矿。《劳动法》规定，劳动者患病或者非因工负伤，医疗期满后，不能从事原工作也不能从事由用人单位另行安排的工作的，用人单位可以解除劳动合同。法院判决支持了许庄煤矿与王平解除劳动合同的决定，但要求许庄煤矿支付原告王平一定经济补偿金。

## 第五节　煤矿从业人员安全生产的权利和义务

《安全生产法》、《矿山安全法》、《劳动法》、《煤炭法》等法律规定了煤矿从业人员在安全生产方面的权利和义务。关心和维护从业人员在安全生产方面的权利，是实现安全生产的重要条件。

## 一、煤矿从业人员安全生产的权利

这些安全生产权利可概括为以下八个方面。

1. 享受工伤保险和伤亡求偿权

生产经营单位与从业人员订立的劳动合同，应当载明有关保障从业人员劳动安全、防止职业危害的事项，以及依法为从业人员办理工伤社会保险的事项。生产经营单位不得以任何形式与从业人员订立协议，免除或者减轻其对从业人员因生产安全事故伤亡依法应承担的责任。

因生产安全事故受到损害的从业人员，除依法享有工伤社会保险外，依照有关民事法律尚有获得赔偿的权利，有权向本单位提出赔偿要求。

2. 危险因素和应急措施的知情权

生产经营单位的从业人员有权了解其作业场所和工作岗位存在的危险因素、防范措施及事故应急措施。

3. 安全管理的批评检控权

矿山企业职工必须遵守有关矿山安全的法律、法规和企业规章制度。矿山企业职工有权对危害安全的行为，提出批评、检举和控告。

4. 拒绝违章指挥和强令冒险作业权

从业人员有权对本单位安全生产工作中存在的问题提出批评、检举、控告；有权拒绝违章指挥（图 1-8）和强令冒险作业。生产经营单位不得因从业人员对本单位安全生产工作提出批评、检举、控告或者拒绝违章指挥、强令冒险作业而降低其工资、福利等待遇或者解除与其订立的劳动合同。

5. 紧急情况下的停止作业和紧急撤离权

从业人员发现直接危及人身安全的紧急情况时，有权停止作

图 1-8

业或者在采取可能的应急措施后撤离作业场所。生产经营单位不得因从业人员在紧急情况下停止作业或者采取紧急撤离措施而降低其工资、福利等待遇或者解除与其订立的劳动合同。

6. 建议权

从业人员有权对本单位的安全生产工作提出建议。

7. 获得符合国家标准或者行业标准劳动防护用品的权利

生产经营单位必须为从业人员提供符合国家标准或者行业标准的劳动防护用品，并监督、教育从业人员按照使用规则佩戴、使用。

8. 获得安全生产教育和培训的权利

生产经营单位应当对从业人员进行安全生产教育和培训，保证从业人员具备必要的安全生产知识，熟悉有关的安全生产规章制度和安全操作规程，掌握本岗位的安全操作技能。未经安全生产教育和培训合格的从业人员，不得上岗作业。

## 二、煤矿从业人员安全生产的义务

作为法律关系内容的权利与义务是对等的，从业人员依法享有权利，同时也必须承担相应的法律义务和法律责任(图1-9)《安全生产法》关于从业人员的安全生产义务有以下四项：

① 必须遵法守规，服从管理的义务。

② 正确佩戴和使用劳保用品的义务。

③ 接受安全生产教育和培训，掌握安全生产技能的义务。

④ 发现事故隐患或者其他不安全因素及时报告和及时处理的义务。

图 1-9

# 思 考 题

1. 煤矿安全生产方针是什么？
2. 贯彻安全生产方针的主要措施有哪些？
3. 煤矿安全生产法律法规体系由哪些方面构成？
4. 《煤矿安全规程》的立法目的和主要作用是什么？
5. 煤矿安全生产法律法规主要有哪些？
6. 法律制裁分为哪几类？
7. 用人单位解除劳动合同的条件有哪些？
8. 煤矿从业人员的安全生产权利有哪些？
9. 煤矿从业人员的安全生产义务有哪些？
10. 《煤矿安全培训规定》中有哪些关于从业人员培训的规定？

# 第二章 煤矿安全管理

## 第一节 煤矿安全管理基本知识

### 一、煤矿安全管理的基本概念

煤矿安全生产管理简称安全管理，是对安全生产活动进行计划、组织指挥、协调和控制的一系列活动的总称(图 2-1)。

图 2-1

### 二、煤矿安全管理的目的

安全管理的目的是提高各种灾害预防水平，预先发现、消除或控制生产过程中的隐患和危险，防止事故发生、职业病和环境灾害，避免各种损失，最大限度地发挥安全技术措施的作用，提高安全投入效益，推动企业生产活动的正常进行。

### 三、煤矿安全管理的任务

安全管理的任务是在贯彻执行国家法律法规、方针政策的前提下，分析、研究、评价企业生产过程中各种不安全因素，从组织、技术、管理、培训等方面采取措施，消除或控制危险源，预防事故发生或最大限度地减少事故损失，为企业安全生产和经营目标的实现提供保证。

## 第二节　煤矿安全管理制度

为了贯彻国家关于煤矿安全管理的有关法律、法规、规程，煤矿企业必须建立、健全一系列煤矿安全管理制度（图 2-2）。

图 2-2

### 一、安全生产责任制

安全生产责任制是指煤矿企业的各级领导干部、工程技术人员、岗位操作人员都要牢固树立安全生产的思想，在各自的工作范围内，认真贯彻执行国家有关安全生产的方针、政策、法律、法规，对安全生产工作各司其职、各尽其责，确保安全生产。

## 二、安全技术措施审批制度

安全技术措施编制和审批，必须符合有关法律法规的规定和要求，并遵守上级主管部门颁发的各种文件、指令和技术标准。

## 三、安全隐患排查制度

安全隐患的排查是综合运用各种管理方法和技术，对生产作业过程中存在的隐患进行识别、分析、评价、分级、监控和排除，以消灭和控制事故的发生。

## 四、煤矿安全评价制度

煤矿安全评价就是查找、分析和预测煤矿生产工程、系统中存在的危险、有害因素及可能导致的危害结果和程度，提出合理可行的安全对策，指导煤矿企业对危险源进行控制和事故预防，以达到事故率最低、经济损失最少、安全效益最优。

## 五、劳动防护用品发放与管理制度

劳动防护用品是指为防止各种毒害和外伤而发给职工随身使用的各种必备护具，是保护职工安全、健康的辅助措施。为了保证劳动防护用品的质量，确保职工在生产作业中的安全，国家颁布了《劳动防护用品产品质量监督检验暂行管理办法》。

## 六、安全教育培训制度

安全教育培训是指对职工进行安全生产法律、法规及安全专业知识等方面的教育。

## 七、安全目标管理制度

煤矿根据上级下达的安全指标，结合本单位的实际制定出自己的安全指标，并将指标逐级分解，明确责任、保证措施、考核和奖惩办法。

## 八、安全办公会议制度

安全办公会议制度是按一定的时间周期、内容、主持人、参加人员召开安全办公会议，有完整的记录，载明议定的事项、决议以及落实的人员、措施和期限。

## 九、安全监督检查制度

安全监督检查制度能有效地监督安全生产规章制度、规程、标准、规范等的执行情况，重点检查矿井“一通三防”的装备、管理情况，明确安全检查的周期、内容、标准、方式、负责部门和人员、检查结果的处理办法等。

## 十、安全奖惩制度

安全奖惩制度兼顾责任、权利、义务，规定明确，奖罚分明，明确奖罚的项目、标准和考核办法。

## 十一、矿用设备、器材使用管理制度

矿用设备、器材使用管理制度是保证在用设备、器材符合相关标准，保持完好状态；明确矿用设备、器材使用前的检测标准、程序、方法和检测单位、人员的资质；明确使用过程中的检验标准、周期、方法和校验单位、人员的资质；明确维修、更新和报废的标准、程序和方法。

## 十二、煤矿事故应急救援制度

要制定事故应急救援预案，明确发生事故的上报时限、上报部门、上报内容、应采取的应急救援措施等。

## 十三、法定代表人和管理人员下井带班制度

法定代表人和管理人员下井带班制度，应明确下井带班人员的职责，下井带班的次数、权限、工作内容及下井带班的管理考核，建立下井带班的详细记录，以备检查。

# 第三节 煤矿安全生产规章制度与劳动纪律

为了贯彻落实国家法规，切实搞好煤矿企业的管理，还必须结合煤炭行业及各企业的实际情况制定一套具体的切实可行的规章制度。

## 一、煤矿三大规程

煤矿三大规程是指《煤矿安全规程》、作业规程和操作规程（图 2-3）。《煤矿安全规程》是国家煤炭行业技术规程，统揽全局；作业规程是煤矿为一个工作面生产而制定的具体的施工措施；操作规程是各个工种应遵循的规程。以下简单介绍煤矿三大规程。

图 2-3

1.《煤矿安全规程》

（1）具体体现国家对煤矿安全工作的要求，进一步调整煤矿企业管理中人和人之间的关系。

（2）正确反映煤矿生产的客观规律，明确安全技术标准，调整煤矿生产中人和自然的关系，树立按照客观规律和标准进行生产、为矿工创造安全生产条件的思想。

(3) 有利于加强法制观念，制止违章，惩罚因忽视煤矿安全工作而酿成的犯罪，实现安全生产。

(4) 有利于保护矿工安全监督的民主权利，有利于发动群众，用群众管理的方法搞好安全生产。

2. 作业规程

作业规程是煤矿企事业单位为完成某项生产或建设工程，如为采煤工作面、掘进工作面的生产作业或某项机电安装工程等编制的作业行为规范。它是依据国家有关法律、法规和《煤矿安全规程》的规定，结合工程的具体情况，如采掘工作面的顶底板岩性、工作面地质条件等方面的实际情况编制的作业指导文件。它对生产作业中爆破、装载、运输、顶板管理、工作面支护和采空区处理等各项作业的具体方法及标准，以及遇到异常情况时的应急措施都做出了具体、明确的规定。因此，作业规程是煤矿生产建设的行为规范，具有法规性质，其作用是科学、安全地组织与指导生产施工，使工程达到安全、优质、高效、快速和低耗的效果。

(1) 作业规程的内容。

① 采煤工作面作业规程的主要内容：概况、采煤方法、顶板控制、生产系统、劳动组织及主要技术经济指标、煤质管理、安全技术措施、灾害应急措施和避灾路线等。

② 掘进工作面作业规程的主要内容：概况、地面相对位置及地质情况、巷道布置及支护说明、施工工艺、生产系统、劳动组织及主要技术经济指标、安全技术措施、灾害应急措施和避灾路线等。

(2) 作业规程的编制要求。

每一个采掘工作面开工以前，必须按照一定程序、时间和要求，坚持“一个工作面一个规程”的原则编制作业规程，不得沿用、套用其他采掘工作面的作业规程，严禁无作业规程进行采煤和掘进工作。当工作面地质、施工条件发生变化时，必须及时补充、修改作业规程。采掘工作面作业规程必须在工作面开始施工以前完成，从开工之日起应每月至少学习一次。

3. 操作规程

操作规程是煤矿企业或其主管部门根据《煤矿安全规程》和有关质量标准等文件的规定，结合岗位工人的工作环境条件及所用工具、设备等具体情况，以保证人员、设备的安全为目的而编制的，指导岗位工人进行生产工艺操作的行为标准。操作规程对岗位工人生产作业中的具体操作程序、方法和安全注意事项等做了具体明确的规定。操作规程是岗位工人进行生产工艺操作的行为规范，具有法规性质。岗位工人只有严格按本岗位的操作规程工作，才能保证人员和设备、设施的安全，保证生产的正常进行。违反操作规程就可能导致事故和矿井重大灾害。因此，煤矿生产的各岗位工人都必须严格执行本岗位的操作规程。

操作规程的内容一般包括四部分：一般规定，准备、检查和处理，操作和注意事项，收尾工作。

## 二、劳动纪律

劳动纪律是指人们在共同的劳动中必须遵守的规则和秩序。这种规则和秩序要求每个劳动者必须按规定的时间、程序和方法来完成自己所承担的生产和工作任务。劳动纪律是维持正常生产秩序、完成生产任务的需要，也是安全生产的需要。

劳动纪律规定包括必须遵守的纪律规定和违反纪律的各项处分内容。纪律规定主要包括以下内容：

(1) 遵守劳动时间和单位行政规定的作息制度，禁止矿工无故迟到、早退，严格执行请假制度。

(2) 坚守岗位，服从分配和管理，不得消极怠工和玩忽职守，不得擅自脱离工作岗位。

(3) 努力工作，完成生产工作任务，保证产品质量。

(4) 在工作时间内，遵守生产和工作秩序，不做与生产和工作无关的事情，不得东走西窜、嬉戏打闹和打架斗殴等(图 2-4)。

图 2-4

(5) 严格遵守操作规程，不准违章指挥或违章作业，做到安全生产。

(6) 爱护国家财产和公共财物。

**三、煤矿“三违”**

煤矿“三违”是指职工在工作中出现的违章作业(操作)、违章指挥和违反劳动纪律的行为。任何人若违反了上述其中的一项，即被称为“三违”人员。

1. 违章作业

违章作业，就是违反《煤矿安全规程》、操作规程与作业规程，不按安全和技术规定的要求作业或不听有关人员劝阻，冒险蛮干的行为。违章作业是人为制造事故的行为，是造成矿井事故的主要原因之一。如在工作面工作前不敲帮问顶，带电检修或搬迁电气设备，爆破不实行“一炮三检”等。

2. 违章指挥

违章指挥，是指安全生产管理人员违反《煤矿安全规程》、操作规程与作业规程以及各级管理部门在安全生产方面的规定而强令工人冒险作业的行为。在煤矿管理人员中，为了超产量、赶进度，个别干部强令工人简化作业程序、违章冒险蛮干等现象比较常见，工人应联合起来拒绝违章指挥。

3. 违反劳动纪律

违反劳动纪律，就是违反煤矿的各项规章制度的行为。如井下吸烟、睡觉，晚下井、早上井，不在工作面交接班，擅离职守脱岗等。

4. "三违"的危害

矿井事故与"三违"有着直接的联系。全国每年由于"三违"而造成的煤矿重大伤亡事故有上千起，伤亡人数达数千人(图 2-5)。我们煤矿职工中的有些人，由于综合素质较差、安全意识不强、法制观念淡薄，"三违"行为时有发生，屡禁不止，危害极大，严重威胁

图 2-5

到矿井的正常生产和矿工的生命安全，甚至造成了惨重的矿难，影响极坏。

**【案例 2-1】** 某矿井下违章作业进行电焊，发生一起特大火灾事故，死亡 80 人，直接经济损失 567 万元。事故原因是电焊工在现场无人监督、无洒水措施、没有清理现场易燃物的情况下进行电焊作业，焊火引燃作业地点附近的胶末、胶条，引起火灾。该电焊工违章作业，构成重大责任事故罪，被依法判处有期徒刑 4 年。另外，当班的副班长是当日生产指挥者，在现场发现易燃物，但没有安排清理，明知现场没有洒水设施，没有瓦斯检查员监护，仍违章指挥冒险作业，造成惨重后果，构成重大责任事故罪，被依法判处有期徒刑 4 年。

## 第四节　煤矿井下作业特点

随着科学技术的创新和快速发展，煤炭工业面貌不断得到改善，以大型煤炭企业、大型煤炭基地和大型现代化煤矿为主的格局基本形成。综合机械化、矿山信息化和智能化程度逐步提高，淘汰落后产能成效显著，安全生产条件大为改善。但是煤炭工业是一个特殊行业，生产条件和工作环境相对特殊，工作场所环境变化大，生产安全事故始终影响和制约着煤矿的生产建设。因此，从业人员了解煤矿井下作业场所特点，对于履行自己的岗位职责具有重要意义。

### 一、煤矿作业环境特殊

煤矿作业场所多为地下作业，条件相对艰苦，而且我国 95% 以上的煤矿是井工煤矿，井深平均在 400 m 以上，作业环境具有明显的特殊性。

（1）井下作业场所空间较小。采煤工作面空间依据煤层厚度而定，中厚煤层空间稍大，薄煤层、极薄煤层作业空间非常狭小，给行人和运输造成不便。此外，采掘作业面经常处在交替衔接之中，采掘作业的条件变化较大。

(2) 作业场所没有自然采光，井下作业人员要靠矿灯照明；采掘设备和各种运输设备运转声响大，经常造成噪声超标。

(3) 有的井下作业场所和巷道经常出现淋水现象，或者巷道存有积水，导致井下环境湿度较大。

(4) 在生产过程中，伴随着粉尘、有害气体的产生，采深大的矿井伴有地热现象，环境温度较高。

(5) 作业场所在地下，井深巷远，加上辅助时间，作业人员在井下时间较长，劳动强度大。

## 二、煤矿生产系统复杂

(1) 煤矿生产工艺复杂。煤矿井下生产具有多工种、多方位、多系统立体交叉连续作业的特点。采煤、掘进、通风、机电、排水、供电、运输等系统中，任何部位或任何一个环节出现问题，都可能酿成事故，甚至造成重、特大事故。

(2) 煤矿生产和建设常常同时进行。要保证矿井持续生产，保持采掘平衡，必须要在工作面回采的同时，不断进行巷道开拓准备，保证生产接替，这些生产建设环节的交叉，增加了安全生产、组织管理和技术管理的复杂性。

## 三、煤矿生产设备多

(1) 煤矿机电设备多而复杂。由于煤矿生产环节多，工艺复杂，所以井下生产要用到提升运输设备、通风压风设备、电气设备、排水设备、采掘设备以及保障安全生产的安全监测监控及瓦斯抽放设备。

(2) 煤矿机电设备向机械化、自动化、智能化的方向发展。综采成套设备的生产能力在适宜的煤层条件下，采煤工作面可实现年产超千万吨，出现了“一矿一面、一个采区、一条生产线”的高效集约化生产模式。高度智能化的采煤机实现了远程操控和工作面无人操作，胶带运输系统实现了自动化，矿井主要通风机、主提升设备操作也实现了智能化。

**四、煤矿事故诱发因素多样**

(1) 由于煤矿生产条件的特殊性，大多数煤矿灾害因素多，致灾机理复杂。矿井瓦斯、矿尘、水、火、冲击地压及有毒有害气体经常威胁着煤矿安全生产，甚至引起重大安全事故。

(2) 如果安全管理不到位，设备、物料处于不安全状态，违章指挥、违章作业也是造成人为事故的重要因素。

## 第五节　煤矿安全设施与劳动防护用品

为了搞好煤矿安全生产，在煤矿井下必须设置一些安全设施和安全标志，并为从业人员配发一定的劳动防护用品。这是煤矿企业安全管理的传统做法，是无声管理的重要手段，对煤矿安全生产管理具有重要而特别的作用。

**一、井下安全设施**

井下安全设施很多，主要有：

(1) 防止竖井罐笼坠罐的罐卡；

(2) 防止斜井跑车的挡车器；

(3) 井底水泵房的防水闸及防水门；

(4) 井底车场的防火门；

(5) 井底及采区的避难硐室(图 2-6)；

(6) 进风大巷的消防材料库；

(7) 倾斜巷道中的防跑车及防止煤与瓦斯突出事故的避难硐室；

(8) 井下机电硐室的防爆门；

(9) 机电硐室的消防沙箱及灭火器；

(10) 瓦斯抽放和监测系统等。

图 2-6

## 二、井下安全标志

煤矿井下安全标志是结合煤矿的生产特点制定的，目的是为了迅速地引起人们对煤矿不安全因素的注意，预防事故发生，但其并不能代替应有的操作规程和预防措施。煤矿安全标志分为主标志和文字补充标志。

### （一）主标志

主标志从内容上可分为禁止标志，警告标志，指令标志和路标、铭牌、提示标志等。

1. 禁止标志

禁止标志的含义是不准或制止人们的某种行动，几何图形为带斜杠的圆环。

2. 警告标志

警告标志的含义是使人们注意可能发生的危险，几何图形为正三角形。

3. 指令标志

指令标志的含义是指示人们必须遵守某种规定，几何图形为圆形。

4. 路标、铭牌、提示标志

告诉井下人员目标、方向、地点的标志。

煤矿井下常用的主标志见本书最后彩页。

（二）文字补充标志

文字补充标志是主标志的文字说明或方向表示，它必须与主标志同时使用。

**三、劳动防护用品**

劳动防护用品，是指保护劳动者在生产过程中的人身安全与健康所必备的一种防御性装备，对于减少职业危害起着相当重要的作用。煤矿企业必须为职工提供保障安全生产所需的劳动防护用品。煤矿从业人员必须正确佩戴和使用劳动防护用品，未按规定佩戴和使用劳动防护用品的，不得上岗作业。

矿工常用劳动防护用品主要包括如下几种（图 2-7）。

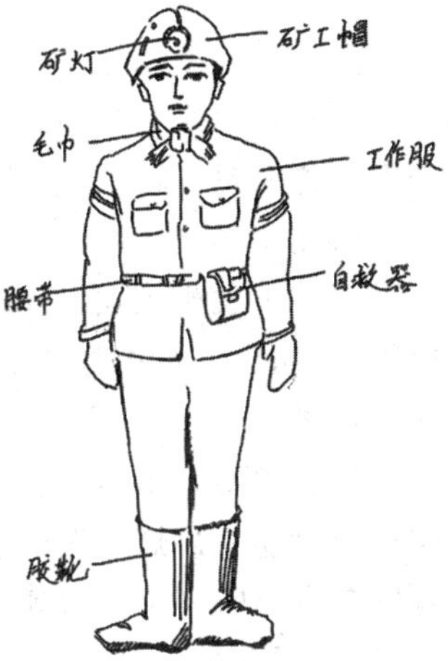


图 2-7

1. 工作服

因为井下气候潮湿，风流速度大、温度低，而且有大量矿尘，所以，在作业时要穿坚固、保暖的工作服。注意穿戴整齐利索，袖口扎好，防止被转动的机器缠咬。如果工作地点有淋水或进行湿式钻眼、洒水防尘和喷浆等工作时，还应穿好雨衣，防止因淋湿而感冒生病。

2. 胶靴

因为井下作业现场泥水较多，有时还要站在泥水中操作，所以必须穿胶靴。此外，穿胶靴还可防止人体触电。

3. 毛巾

毛巾既可防止煤(矸)碎块或矿尘掉入衣服里面，又可擦汗。在发生灾害事故时，还可以用毛巾沾水捂住鼻口进行自救互救。

4. 矿工帽

矿工应戴好矿工帽，防止头部遭到撞、碰和砸等伤害。矿工帽里面的衬垫带要合格，戴矿工帽时要系好帽带。矿工帽还用来安置矿灯。

5. 腰带

腰带可以系自救器、矿灯盒和随身携带的小件物品。腰带要系在工作服最外面，以使工作服利索。

6. 自救器

当井下发生火灾、爆炸、煤与瓦斯突出等事故时，人员佩戴自救器，以防止人员中毒和窒息。入井人员必须随身携带自救器。

7. 矿灯

矿灯主要用来照明。新型矿灯还兼有瓦斯监测和报警、人员定位等功能。矿灯在发生危险时还可作为应急信号，如晃灯停车，在紧急避险时还可传递呼救信号。此外，矿灯还可作为清点上、下井人数的依据之一。

8. 手套、口罩、眼罩、耳塞等

井下作业有时会接触到对人体皮肤有伤害的物品。例如，在喷射混凝土和灌注树脂锚固剂时，都必须戴好防护手套；采煤机司机在割煤时要戴防尘口罩，在喷射混凝土时要戴防护眼罩；风动凿岩机司机在钻眼时要戴耳塞。这些劳动防护用品对工人身体健康都是有好处的，必须坚持佩戴。

# 第六节　煤矿从业人员的职业道德和安全职责

煤炭行业既是光荣、重要的行业，又是苦、脏、累、险的行业，因此要求煤矿从业人员要有自己特殊的职业道德。一个安全文明的煤矿企业，必然有一支职业道德高尚的职工队伍。这一职工队伍应该具有崇高的职业理想、主人翁的职业态度、尽心尽力的职业责任、过硬的职业技能、严格的职业纪律、高度负责的职业良心、高尚的职业荣誉和优良的职业作风。

## 一、煤矿从业人员的职业道德

煤矿从业人员除应遵守一般的职业道德外，还应具有煤炭行业特殊的职业道德(图 2-8)。

图 2-8

1. 热爱煤矿、忠于职守

煤矿从业人员应该爱祖国、爱矿山、爱岗位，以矿为家，干一行、爱一行、精通一行，以主人翁的态度对待本职工作。

2. 遵章守纪、服从管理

煤矿从业人员应遵守制度，服从管理，听从指挥，不仅自己带头不做违章违纪的事，当发现“三违”现象时还要敢于制止和纠正。

3. 艰苦奋斗、乐于奉献

煤矿从业人员应该在生产和工作中具有不畏艰苦、不怕困难、自强不息、顽强奋斗的精神和作风，还应具有不求索取、乐于为国家和人民多做贡献的道德境界。

4. 钻研技术、提高技能

煤矿从业人员应该努力学习科学文化知识，刻苦钻研业务技能，尽快提高自己的安全生产知识水平和操作技能水平，更好地为煤炭事业和国家建设做好本职工作。

5. 团结协作、顾全大局

煤矿从业人员应该相互关心、互相支持、互相帮助。当个人利益与国家利益、集体利益发生矛盾时，要识大体、顾大局，牺牲个人利益。

6. 讲究质量、确保安全

煤矿从业人员应该认真学习、掌握与自己工作有关的质量标准，在生产和工作中严格执行，不打折扣。要坚持安全生产，做到“生产必须安全”、“不安全不生产”，杜绝“三违”现象。

7. 勤俭节约、爱护公物

煤矿从业人员应该坚持发扬勤俭办事，节约每一分钱的好传统，杜绝一切浪费现象；要关心、爱惜、保护国家和集体的财产；要依靠科技进步和优化管理，进一步提高经济效益。

8. 勇于抢险、自救互救

煤矿一旦发生灾害事故，煤矿从业人员应该发扬大无畏的精神，勇于投入抢险救灾，积极开展自救互救，在确保自身安全的前提下，抢救他人，共同脱险，安全升井。

### 二、煤矿从业人员的安全职责

煤矿从业人员对本岗位的安全生产工作负直接责任。其安全职责主要包括以下内容。

(1) 认真学习、执行煤矿三大规程、安全生产基本知识、本岗位操作技能、企业安全规章制度,努力实现安全生产目标。

(2) 上岗前必须正确佩戴和使用劳动防护用品,班前、班后应对所使用的工具、设备、设施进行检查,保证它们安全可靠。

(3) 严格遵守企业劳动纪律的有关规定,执行安全操作规程,不违章冒险作业,制止任何人的违章作业,并拒绝任何人的违章指挥。

(4) 精心作业,正确操作,精心维护保养设备,搞好本岗位的质量标准化和文明生产,保持作业环境整洁。

(5) 积极参加各种安全生产活动,主动提出有关安全生产的合理化建议。

(6) 正确分析、判断和处理各种事故隐患,把事故消灭在萌芽状态。发生灾害事故时,应积极参与抢险救灾活动,开展应急自救互救工作,并要保护现场,如实汇报。

## 第七节 井下从业人员入井须知

### 一、入井须知

#### (一) 入井前的准备

煤矿从业人员应具备煤矿安全生产基本知识。新工人入井前必须进行不少于72小时的安全培训,经考核合格后持证上岗,并须在老工人的带领下熟悉井下工作环境,掌握本工种技能,4个月后方能独立作业;其他人员也须按规定每年复训,复训时间不得少于20学时,并须取得合格证。

井下作业人员都应配备矿灯、自救器、绝缘靴、毛巾、矿工帽、工作服等完备的井下作业防护装备(图 2-9)。工人入井前,需要休息好,注意饮食,精力充沛,高高兴兴下井,平平安安升井。

图 2-9　穿好防护用品

(1) 井下作业人员应知应会:

① 安全生产法律、法规。

② 矿井概况。

③ 本工种的安全职责、操作技能、质量标准。

④ 应急救援预案和发生各种灾害的自救互救方法及避灾路线。

⑤ 安全生产规章制度、操作规程、劳动纪律。

⑥ 自救器、避难硐室、压风自救装置、救生舱等的使用。

⑦ 矿井安全设施、报警系统、信号、安全标志。

(2) 开好班前会。

每个职工都必须参加班前会,预知本班作业场所存在的危险因素及防范措施,了解近期国内、本矿的典型事故案例,吸取教训。了解本班的生产任务、质量要求和分工。

(3) 入井前严禁喝酒。井下作业环境复杂,要求作业人员注意力高度集中。喝酒后,因酒中乙醇的作用,使人头脑不清醒,反应迟钝,或引起情绪冲动,盲目蛮干。因此,入井前严禁喝酒。

(4) 严禁携带烟卷、火柴、打火机及其他引火、易燃易爆物品入井。火源是发生瓦斯、煤尘爆炸的主要条件之一,因工人在井下吸烟造成瓦斯、煤尘爆炸的事故曾多次发生,教训极其惨痛,所以井下严禁吸烟。

(5) 严禁穿化纤衣服下井。化学纤维绝缘电阻大,当它和人体或衣料之间发生摩擦时,可能产生静电,其能量足以引起瓦斯、氢气燃烧爆炸。此外,化纤衣服易燃,若遇井下发生火灾,穿化纤衣服的人易被烧伤，甚至导致死亡。

(6) 严禁携带非防爆手机、随身听等电子产品下井。因这些东西都带有电源，可能产生电火花，引起瓦斯燃烧爆炸。

(7) 严禁不能从事井下作业的人员及其他重症病患者入井。

(8) 入井前要穿好工作服，工作服要穿着整齐，扣好钮扣，不可随意披在肩上，防止被运转的机器缠咬而发生意外事故。穿好胶靴，胶靴尺码必须合脚，便于行走。需要戴手套的作业人员还应戴好手套，它可保护手部免受伤害。

(9) 戴好矿工帽。

(10) 拴好皮带。矿灯的灯盒、自救器都串在皮带上并拴在腰部，松紧适当。

(11) 领取矿灯。入井人员凭灯牌到矿灯房规定窗口领灯，出井后及时交还矿灯并取回灯牌。领到矿灯后要仔细检查，若发现问题要及时修复更换。检查的内容是：电池盒子是否破裂或有漏液现象；灯头有无破损，灯圈是否松动，灯头玻璃是否破裂；灯线是否破损折断，灯线和灯头及电池盒子的连线是否牢固，接线是否完好；灯锁的闭锁是否可靠，有无松动；双光源矿灯是否两个灯泡都明亮；灯光亮度如何；灯头开关是否灵敏可靠(图 2-10)。

图 2-10　领取、检查矿灯

入井前要把矿灯戴好，不要手提灯线甩动灯头，以免损坏灯线（图 2-11）。要爱护矿灯，严禁在井下随意拆卸、敲打、撞击矿灯，以免产生电火花，引起瓦斯、煤尘爆炸事故。

图 2-11　戴好矿灯

（12）领取自救器。每一个入井人员必须随身佩带自救器，以便在发生爆炸、燃烧事故时能及时佩戴，安全撤离。自救器必须于下班后立即交回，以便检查和维修。入井前领到自救器后，要检查自救器盒是否损坏，锁封装置是否完好，否则要立即更换。人人都要爱护自救器，不准用自救器敲打物品，也不准在井下坐在自救器上。

（13）领取识别卡(或具有定位功能的无线通讯设备)。识别卡是井下人员定位系统的重要组成部分，它具有考勤管理、防止人员进入危险区域、及时发现未按时出井人员等功能。每一个下井人员必须携带识别卡，识别卡严禁擅自拆开，也不可交给他人带入。工作不正常的识别卡严禁使用。工人出井后立即交还识别卡。

（14）携带好工具。入井携带的工具如斧、锯、钢钎、钻杆、小型机械和仪表等，要做到安全可靠。刃具、尖锐的工具必须用护套包好，防止乘车或行走时碰伤他人(图 2-12)。

（15）自觉接受入井前的检身。检查的内容包括：劳动保护用品的穿戴；自救器、识别卡的携带；是否携带烟卷、火柴、打火机等火种下井；是否携带非防爆电器及电子产品下井；使用酒精检测器检查是否饮酒；检查是否经安全培训合格；检查身体有无严重病症和不符合入井的其他要求。

## （二）井下乘车安全

到井下作业地点需要乘车或行走。交通工具因矿井不同而不

图 2-12　带尖、刃工具应罩保护套

同，有竖井罐笼、斜井人车、平巷人车、斜巷架空乘人装置、可乘人的钢丝绳牵引胶带输送机等。

1. 乘罐笼入井须知

乘坐罐笼上下井时，要遵守乘坐罐笼的有关规定，服从有关人员的指挥，排队按次序上下，不得插队加塞，拥挤打闹。进入罐笼后，要关好罐笼门帘，身体任何部位、工具、材料等禁止伸出罐笼。罐笼运行时要站稳扶牢，不准向井筒内抛任何东西，以免发生危险。没有得到井口检身人员、管理人员和把钩人员的许可，不准擅自乘罐和随便司发信号停罐或开罐。在罐笼发出升降信号后，停罐信号发出前或罐笼停稳前，扒、蹬、跳上下罐笼是极其危险的。任何人不准超员乘罐，罐笼满员时任何人不得强行挤上罐笼。装运材料和矿车的罐笼一律不准乘人，运送人员的罐笼必须专用，不许人料混运。乘吊桶上、下井时，要系好保险带，严禁坐在吊桶边缘上，要等吊桶停稳，井盖门关好后，才能上、下吊桶。

2. 乘坐斜巷人车须知

必须在有明显标志，光线充足的专用人车车站或候车平台上、下车。乘车时必须遵守乘车规定，听从跟车人员指挥。在乘车地点依照先后次序等车，待人车停稳后，得到把钩工许可方可上车。上车后不得挤占跟车人位置，应在跟车人座位后依次坐好，座位满员后，不准挤乘，门口不得站人扒乘。乘车人应将随身携带的工具物品放稳妥，不能随意靠在车窗座位上，更不能露出窗外。发出开车信号后，不准上下车，更不准在人车行驶途中扒上跳下。

3. 乘坐架空乘人装置须知

必须在专门的乘人地点乘坐，人员乘坐要保持一定距离，间距要大于5 m。乘车人在运行途中要坐稳，手要抓牢，脚要蹬在踏板上。不要乱摆动身体，防止引起吊杆摆动，造成吊杆与牵引钢丝绳脱钩，摔伤乘人。携带的工具不能垂直于运行方向放在腿上，应一手抓吊杆，一手拿住工具。设备运行中乘人不得用手脚触碰巷帮、巷底及邻近的其他物品，避免意外刮伤。携带爆炸材料的人员严禁与上下班人员同时乘坐。应在设有保护装置的专门下人地点下人。

4. 乘坐平巷人车须知

乘坐平巷人车入井的人员必须听从人车管理人员的指挥，在人车站按先后次序上车，不准拥挤。在人车已发出开车信号时不准上下车。开车前必须关上车门或挂上防护链。在人车运行时身体的任何部位和所携带的工具等物品都不可露出车外。人车在行驶中和未停稳时，严禁上下车和在车内站立。严禁站在机车头上或扒蹬在车厢连接处。严禁超员乘车。除专职人员外，任何人不准发出停开车信号。车辆掉道时，必须立即向司机发出停车信号。

（三）井下行走注意事项

（1）在大巷行走时要走人行道，不准在轨道上行走（图2-13）。车辆通过时，要停止前进，靠帮躲避，或进入躲避硐暂避，待车辆过后再走。横穿轨道时要注意左右瞭望，发现有车辆运行时，要停止前进，做到人给车让路。

（2）在井下通过有人作业的巷道时，必须事先联系，经作业人员允许并停止作业后方可通过。

图 2-13　行走要走人行道

（3）在井下不准扒乘各种材料车、矸石和煤车，以免发生车辆伤害事故。

（4）在井下行走要精力集中，注意观察前后、上下、左右。以防碰伤、刮伤、摔伤和顶板落石砸伤。

（5）无论胶带输送机、刮板输送机是否开动，都不准在上面行走。不准触摸运行中的钢丝绳、牵引链及机械设备的转动部位。

（6）严禁进入设有栅栏和挂有警告标志的巷道和硐室内（图 2-14）。

图 2-14　禁止进入

(7) 在绞车道行走时,需事先经把钩工允许,坚持“行车不行人,行人不行车”的原则,严禁蹬钩扒车。

(8) 在井下架线电机车巷行走穿越轨道时,携带的长工具要用手拿好,不要扛在肩上,以免触碰架空线,造成触电。

(9) 通过风门时,一定要注意随手把风门关好(图 2-15),不准同时打开相邻的两道风门(图 2-16),以免造成风流短路。

图 2-15　随手关门

图 2-16　不准同时打开两道风门

（10）在急倾斜煤层采区上（下）山行走时，要走人行道上山，手要抓好扶牢，不要把电缆当扶手。前后两人要保持一定间距，工具要拿好，以免滑落击伤后（前）面的行人。

（11）在采区平巷行走时，要注意看清前方道路，防止掉进煤仓、溜煤眼。

（12）溜煤眼和下料眼严禁行人，不要在溜煤眼的放煤口停留。

（13）在采煤工作面行走时，不要靠煤帮走，以免遇到冒顶片帮。不要在溜煤槽、运输机上行走。不要在未支护的空顶处停留，不要进入采空区。

（14）在机采工作面行走时，要注意避开采煤机滚筒和牵引链，防止碰伤。在炮采工作面行走时，要注意爆破信号，听从爆破工或警戒人员的指挥。

（15）在薄煤层采煤工作面行走时，要戴好安全帽，弯腰缓行，防止碰伤。

（16）在机掘工作面附近行走时，要注意来往车辆，避开掘进机装岩机、矿车。不要在掘进机的悬臂下停留。不要进入未支护的空顶区。在炮掘工作面附近行走时，要注意爆破信号，听从爆破工或警戒人员的指挥。

（17）井下休息时，要选择通风良好的安全地方（图 2-17），防止冒顶、片帮或过往车辆伤害，严禁进入盲巷和采空区。

## 二、井下信号

为保证安全生产，井下除设置有关的安全设施外，生产中的各环节还规定了一定的信号，信号是指挥生产、保证工作联系的基本手段。井下各生产系统、各环节都按需要设置不同功能的声、光信号，有的是用于联系协调工作，有的是用于保证安全（图 2-18）。

（1）运输系统中常见的信号是红绿灯和电铃，用以指挥和联系提升运输，并兼作安全警告信号。通常红灯表示危险，见到红灯就要停下，绿灯表示安全，可以通过。电铃的不同节奏和声响，表

图 2-17　不在危险地点休息

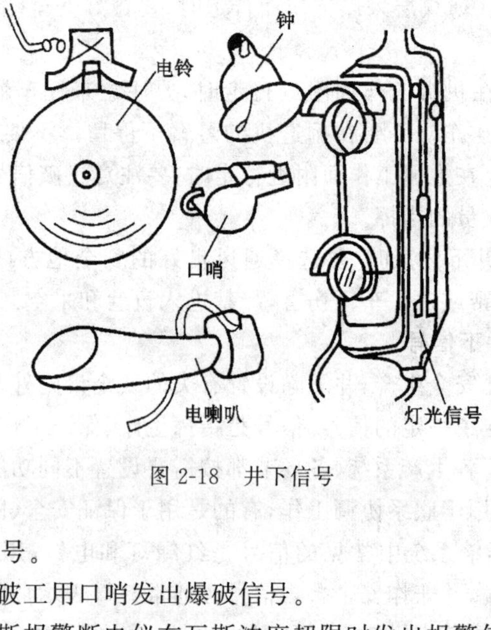


图 2-18　井下信号

示不同的信号。

(2) 爆破工用口哨发出爆破信号。

(3) 瓦斯报警断电仪在瓦斯浓度超限时发出报警信号。

(4) 机车行驶时发出铃声信号。

(5) 设备启动停止时发出联络信号。

(6) 人力推车时推车工发出推车信号。

(7) 井下发生灾害时发出报警信号。

入井人员要爱护信号设施，要熟悉和掌握经常接触和使用的信号，在工作、休息、行走时，都有时时刻刻注意信号的变化，听从信号指挥，不可粗心、侥幸和冒险。因侥幸闯信号发生死亡和重大事故的案例并不少见，如人车开车信号发出后人员强行扒车被车辗死，车场甩车信号发出后不及时躲避被车撞死等。

信号对井下各系统正常生产秩序和各环节的衔接有十分重要的作用，必须由专人操作，其他人员不准乱发信号。信号一旦失灵要立即报告，及时修复或更换。以免事故发生。

**【案例 2-2】** 某矿井下己三轨道下山人车因拥挤造成 1 人死亡的事故。

这起事故的直接原因是人车未到位就群体违章拥挤，抢上抢下。同时，跟车信号工责任心不强，对人员争上抢下未及时进行有效制止；矿安全管理不到位，在上下车人员多的地方未安排专人监督把关也是这起事故的重要原因。

## 三、井下安全标志

我国通用的矿山安全标志按其使用功能可分为五类(禁止标志，警告标志，指令标志，路标、铭牌、提示标志，指导标志)共 60 种。煤矿常用安全标志见本书后附图。

(1) 禁止标志：禁止或制止人们某种行为的标志。

(2) 警告标志：警告人们可能发生某种危险的标志。

(3) 指令标志：指示人们必须遵守某种规定的标志。

(4) 路标、铭牌、提示标志：告诉人们目标、方向、地点的标志。

(5) 指导标志：提高人们思想意识的标志，有两种。

安全标志是矿山安全设施的组成部分，每一位从业人员都应该熟悉并应保护好安全标志。

## 四、下井口诀

干部、工人下矿井，首先必须学规程。
有关法规都学会，安全方针记心中。
下井前，莫忘记，带好矿灯自救器。
化纤衣服不能穿，禁带火具和香烟。
矿工靴，要穿好，时刻戴牢安全帽。
不喝酒，休息好，精力集中效率高。
持证上岗要牢记，井下处处要注意。
导电材料和工具，严防接触带电体。
尖刀工具要套上，防止意外把人伤。
带着工具乘车罐，不准超出车、罐帮。
进出罐、上下车，服从指挥要自觉。
罐、车之内守纪律，不许打闹和拥挤。
乘人车，切莫站，不准用手扒车沿。
斜巷行车不行人，声光信号要留神。
皮带、溜子不能坐，严禁爬、蹬和跳车。
来往车辆看仔细，跨越轨道要注意。
开风门，在一侧，当心过车把人挤。
人、车过后门要关，风流短路留隐患。
行人要走人行道，跨越设备走绕道。
遇见警标和栅栏，千万不能往里钻。
井下不许拆矿灯，关好风门保通风。
先检查，后工作，按照规程来操作。
工余时间若休息，必须找个安全地。
不打盹、不睡觉，不动设备和信号。
工作完毕要清理，严格交接莫忘记。
安全生产天天讲，家庭幸福矿兴旺。

## 第八节　井下从业人员安全管理基本要求

### 一、班组管理

班组是煤矿安全生产的最基层组织，煤矿安全生产法律法规、规程、标准和相关规章制度的贯彻落实，以及先进、适用的安全技术的推广应用都要落实到班组，体现在现场。

1. 班组组织建设

(1) 班组的组织体系。按照精简高效的原则，制定班组定员标准，保证班组安全生产基本配置，实行现场“限员挂牌”制，严格控制作业人数，严禁超定员生产。

(2) 选好班组长。班组长是班组安全的第一责任人，这就要求必须选好班组长。把那些真正具有高度的事业心和责任感，既懂生产技术又懂安全管理的员工吸收到班组长队伍中，为班组管理注入新的活力。

(3) 制定、落实班组成员工种岗位责任制。班组要制定各工种岗位责任制，将各岗位从业人员在安全生产方面应负的责任加以规定。班组长必须把工种岗位责任制的落实工作放在第一位。

2. 班组现场安全管理

班组现场安全管理的重点是要严格执行交接班制度、严格执行“三大规程”、搞好安全质量标准化动态管理、加强隐患排查治理、落实班组安全生产权益。班组长对现场作业条件的变化情况，有安全生产决策权和组织指挥权；有检查职工安全作业情况、抵制上级违章指挥权；有对作业现场工程质量、岗位工作质量进行安全评估验收权；在安全隐患没有排除或不具备安全生产条件时，有拒绝开工或停止生产权。

3. 教育培训

加强安全教育与培训工作，是提高煤矿从业人员安全技能和专业素质的重要手段。煤矿企业要结合班组实际，制定班组员工培训计划，除了集中培训外，还可采取每日一题、每周一课、每月一考、每季一评的形式，加强对从业人员的培训。同时利用岗位练兵、技术比武、以师傅带徒弟等方式，强化员工应知应会教育，增强员工安全工作的能力，提高班组员工安全工作的整体素质。

**二、规范作业**

1. 井下从业人员规范作业基本要求

(1) 必须经过安全培训并经考核合格，持证上岗。

(2) 必须熟练掌握本岗位生产工艺、认真学习贯彻《煤矿安全规程》、作业规程、操作规程，严禁违章作业、严禁违反劳动纪律，从而确保工作质量。

(3) 必须保障身心健康，严禁精神状态不佳、身体不适或带病上岗。

(4) 必须了解作业地点和本岗位存在的危险因素、防范及应急处置措施，严禁冒险作业。

(5) 必须正确使用和爱护安全生产设备、设施，严禁使用损坏或失效的设备、设施。

(6) 必须遵守安全制度、履行岗位职责，有权拒绝违章指挥，有权制止违章行为，提出安全管理建议，发现隐患及时报告，严禁隐患未排除仍然继续作业。

2. 大力推行岗位规范

从思想上强化标准化意识，人人学习标准和规章制度，工作中从熟练掌握标准化的规定及有关规章制度入手，按标准要求规范行为。要制定从业人员行为举止规范，加强岗位技术培训，提高技术素质和操作技能，使职工做到上岗尽职，恪守职责。

3. 规范作业的四化要求

(1) 管理精细化。严格干部下井带班制度，做到班班有领导，事事有人管；对安全检查人员进行专业培训，提高检查质量，真正把问题看清、隐患查准。

(2) 行为规范化。从业人员入井工作服的穿着、矿灯和自救器的佩戴以及在巷道里行走、乘坐人行车、材料码放等都要遵守规范标准,对不执行者批评教育,重则离岗培训。

(3) 操作程序化。组织人员对采、掘、机电等井下所有岗位工种编制标准操作程序,并在井下施工现场公示,让作业人员随时可以看到岗位操作标准。从业人员到现场先干什么,后干什么,怎么干,一步接一步,一清二楚。

(4) 质量标准化。按煤矿安全质量标准化标准要求执行。注重动态达标、过程达标、力争精品工程。

## 三、隐患排查

### 1. 隐患的概念

安全生产事故隐患简称隐患,是指生产经营单位违反安全生产法律、法规、规章、标准、规程以及安全生产管理制度的规定,在生产经营活动中存在可能导致事故发生的人的不安全行为、物的危险状态和管理上的缺陷。

### 2. 隐患的分类

事故隐患分为一般事故隐患和重大事故隐患。

一般事故隐患,是指危害和整改难度较小,发现后能够立即整改排除的隐患。

重大事故隐患,是指危害和整改难度较大,应当全部或者局部停产停业,并经过一定时间整改治理方能排除的隐患,或者因外部因素影响致使生产经营单位自身难以排除的隐患。

### 3. 隐患排查方法

隐患排查是指通过系统的危险预知、安全检查等方法,查找生产工艺过程中的隐患并制定措施进行排除的过程。包括定期排查、现场排查、岗位排查、监督举报等形式。

井下从业人员对作业现场隐患存在情况最为了解,对本岗位的隐患排查负有重要责任，要充分调动大家积极性，将事故隐患消灭在萌芽状态。

## 四、煤矿安全质量标准化

1. 煤矿安全质量标准化概述

煤矿安全质量标准化是煤炭企业自觉贯彻落实安全生产法律法规和国家、行业的技术标准规范、建立健全企业内部安全生产工作标准、安全规程和岗位责任制，实现与安全生产相关联的每个岗位管理的标准化和规范化，是强化煤矿安全基础工作、保障煤矿生产安全的重要手段。

2. 煤矿安全质量标准化的考核与分级

井工煤矿安全质量标准化体系包括 11 个部分：通风、地测防治水、采煤、掘进、机电、运输、安全管理、职业卫生、应急救援、调度、地面设施。安全质量标准化煤矿分为一级、二级、三级，按年度考核，一级的考核由国家煤矿安全监察局负责，二级、三级的考核工作由省级主管部门负责。

3. 煤矿安全质量标准化的意义

煤矿安全质量标准化强调安全生产的规范化、制度化、标准化、科学化、法制化，是煤矿企业的基础工程、生命工程和效益工程，是构建煤矿安全生产长效机制的重要措施，是我国煤炭行业借鉴国内外先进的安全质量管理理念、方法和技术，经过多年实践探索，逐步发展形成的一整套安全质量管理体系和方法。

4. 安全质量标准化对一般从业人员的要求

(1) 从业人员要认真学习质量安全标准化的相关知识，掌握质量安全标准化对自己岗位的具体要求，积极参加师徒结队、技术比武、岗位练兵等活动，提升自己的岗位技能，为质量安全标准化建设达标打好基础。

(2) 上标准岗、干标准活。对每道工作程序都按操作规程做到工序到位、行为规范、操作熟练，质量达标。

（3）积极参加技术创新活动。围绕安全生产、质量标准化建设开展技术改革和创新，为区队安全质量达标做出贡献。

（4）改变安全观念，文明生产。变要我安全为我要安全、我会安全，真正成为安全管理的主人，杜绝“三违”现象的发生，确保安全生产。自觉维护作业场所的整洁和卫生，爱护环境，文明生产。

## 第九节　工伤保险知识

### 一、基本概念

工伤保险，是指劳动者在工作中或在规定的特殊情况下，遭受意外伤害或患职业病导致暂时或永久丧失劳动能力以及死亡时，劳动者或其遗属从国家和社会获得物质帮助的一种社会保险制度。

### 二、工伤保险的作用（图 2-19）

（1）工伤保险作为社会保险制度的一个组成部分，是国家通过立法强制实施的，是国家对职工履行的社会责任，也是职工应该享受的基本权利。工伤保险的实施是人类文明和社会发展的标志和成果。

图 2-19

（2）实行工伤保险保障了工伤职工医疗以及其基本生活、伤残抚恤和遗属抚恤，在一定程度上解除了职工和家属的后顾之忧。

（3）建立工伤保险有利于促进安全生产，保护和发展社会生产力。工伤保险与生产单位改善劳动条件、防病防伤、安全教育、医疗康复、社会服务等工作紧密相连。对提高生产经营单位和职工的安全生产水平，防止或减少工伤、职业病,保护职工的身体健康,至关重要。

(4) 工伤保险保障了受伤害职工的合法权益,有利于妥善处理事故和恢复生产,维护正常的生产、生活秩序,维护社会安定。

## 三、工伤认定

### 1. 工伤保险认定的范围

职工有下列情形之一的,应当认定为工伤:

(1) 在工作时间和工作场所内,因工作原因受到事故伤害的;

(2) 工作时间前后在工作场所内,从事与工作有关的预备性或者收尾性工作受到事故伤害的;

(3) 在工作时间和工作场所内,因履行工作职责受到暴力等意外伤害的;

(4) 患职业病的;

(5) 因工外出期间,由于工作原因受到伤害或者发生事故下落不明的;

(6) 在上下班途中,受到非本人主要责任的交通事故或者城市轨道交通、客运轮渡、火车事故伤害的;

(7) 法律、行政法规规定应当认定为工伤的其他情形。

职工有下列情形之一的,视同工伤:

(1) 在工作时间和工作岗位,突发疾病死亡或者在48小时之内经抢救无效死亡的;

(2) 在抢险救灾等维护国家利益、公共利益活动中受到伤害的;

(3) 职工原在军队服役,因战、因公负伤致残,已取得革命伤残军人证,到用人单位后旧伤复发的。

### 2. 不能认定为工伤的情况

(1) 故意犯罪的;

(2) 醉酒或者吸毒的;

(3) 自残或者自杀的。

3. 工伤认定所需材料

(1) 工伤认定申请表；

(2) 与用人单位存在劳动关系(包括事实劳动关系)的证明材料；

(3) 医疗诊断证明或者职业病诊断证明书(或者职业病诊断鉴定书)。

**四、工伤保险赔偿(图 2-20)**

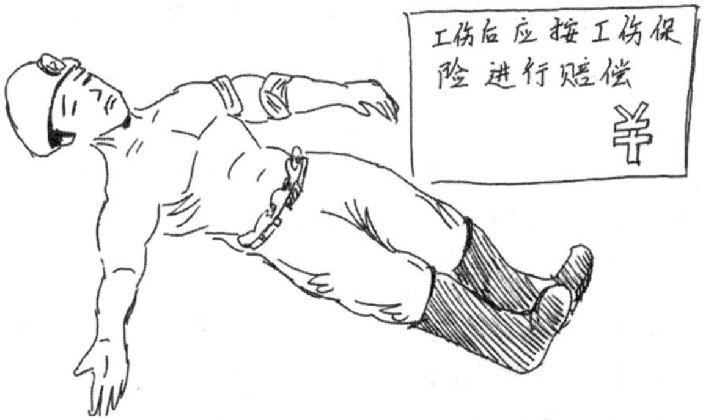


图 2-20

(1) 职工因工致残被鉴定为一级至四级伤残的，保留劳动关系，退出工作岗位，享受以下待遇：

① 从工伤保险基金按伤残等级支付一次性伤残补助金，标准为：一级伤残为 27 个月的本人工资，二级伤残为 25 个月的本人工资，三级伤残为 23 个月的本人工资，四级伤残为 21 个月的本人工资。

② 从工伤保险基金按月支付伤残津贴，标准为：一级伤残为本人工资的 90%，二级伤残为本人工资的 85%，三级伤残为本人工资的 80%，四级伤残为本人工资的 75%。伤残津贴实际金额低于当地最低工资标准的，由工伤保险基金补足差额。

③ 工伤职工达到退休年龄并办理退休手续后，停发伤残津贴，按照国家有关规定享受基本养老保险待遇。基本养老保险待遇低于伤残津贴的，由工伤保险基金补足差额。

职工因工致残被鉴定为一级至四级伤残的，由用人单位和职工个人以伤残津贴为基数，缴纳基本医疗保险费。

(2) 职工因工致残被鉴定为五级、六级伤残的，享受以下待遇：

① 从工伤保险基金按伤残等级支付一次性伤残补助金，标准为：五级伤残为18个月的本人工资，六级伤残为16个月的本人工资。

② 保留与用人单位的劳动关系，由用人单位安排适当工作。难以安排工作的，由用人单位按月发给伤残津贴，标准为：五级伤残为本人工资的70%，六级伤残为本人工资的60%，并由用人单位按照规定为其缴纳应缴纳的各项社会保险费。伤残津贴实际金额低于当地最低工资标准的，由用人单位补足差额。

经工伤职工本人提出，该职工可以与用人单位解除或者终止劳动关系，由工伤保险基金支付一次性工伤医疗补助金，由用人单位支付一次性伤残就业补助金。一次性工伤医疗补助金和一次性伤残就业补助金的具体标准由省、自治区、直辖市人民政府规定。

(3) 职工因工致残被鉴定为七级至十级伤残的，享受以下待遇：

① 从工伤保险基金按伤残等级支付一次性伤残补助金，标准为：七级伤残为13个月的本人工资，八级伤残为11个月的本人工资，九级伤残为9个月的本人工资，十级伤残为7个月的本人工资。

② 劳动、聘用合同期满终止，或者职工本人提出解除劳动、聘用合同的，由工伤保障基金支付一次性工伤医疗补助金，由用人单位支付一次性伤残就业补助金。一次性工伤医疗补助金和一次性伤残就业补助金的具体标准由省、自治区、直辖市人民政府规定。

**【案例 2-3】** 2007 年 8 月 18 日，周兴经湖南省冷水江市渣渡镇某煤矿的掘进班长刘文介绍到该矿从事井下掘进工作，并签订劳动合同。2007 年 8 月 26 日上午 8 点多，周兴在上班进行矿车挂钩作业时，右手被另一台空车撞伤，导致右手食指中节折断。周兴受伤后，住院治疗 26 天，于 2007 年 9 月 21 日出院。周兴出院后，未再在该煤矿上班。2007 年 11 月 18 日，娄底市劳动与社会保障局做出工伤认定决定，认定周兴构成工伤。2008 年 3 月 13 日，经娄底市劳动能力鉴定委员会鉴定，周兴构成九级伤残。最终经冷水江市人民法院裁定，由该煤矿支付周兴一次性工伤医疗补助金 12 192 元、一次性伤残就业补助金 12 192 元、停工留薪期工资 1 524 元、住院伙食补助费 218 元和护理费 780 元，以上费用共计 26 906 元。

## 思　考　题

1. 煤矿安全管理的主要内容有哪些？
2. 基本的煤矿安全管理制度有哪些？
3. 煤矿安全生产管理机构人员的职责有哪些？
4. 煤矿三大规程是什么？
5. 什么是煤矿“三违”？
6. 煤炭企业对违反矿纪矿规行为的处理方法有哪些？
7. 煤矿作业特点有哪些？
8. 井下常见的危险因素有哪些？
9. 煤矿井下常见的职业危害因素有哪些？
10. 井下主要安全标志有哪些？
11. 矿工常用的劳动防护用品有哪些？
12. 在井下行走时的注意事项有哪些？
13. 工伤认定所需的材料有哪些？

# 第三章 矿井安全生产知识

## 第一节 矿井生产基础知识

### 一、煤田地质

（一）煤的形成

煤是由古代植物的遗体经过漫长的煤化作用而形成的。有开采价值的大面积含煤地层，称为煤田。

（二）煤的分类

煤的种类很多，性质差别很大。目前，我国煤炭分类主要是以煤的挥发分、黏结性指数、胶质层厚度为依据，将煤炭分为无烟煤、烟煤和褐煤。烟煤又可分为长焰煤、不黏煤、弱黏煤、1/2 中黏煤、气煤、气肥煤、1/3 焦煤、肥煤、焦煤、瘦煤、贫瘦煤、贫煤。此外，按照工业用途煤又可以分为动力煤、化工用煤和炼焦煤。

（三）煤层的埋藏特征

1. 煤层的顶板与底板

(1) 顶板。正常层序的含煤地层中覆盖在煤层上面的岩层称为顶板。根据岩层相对于煤层的位置和垮落性能、强度等特征的不同，顶板可分为伪顶、直接顶和基本顶，如图 3-1 所示。在采煤过程中，直接顶是顶板管理的重要部位。

伪顶是指位于煤层之上，随采随落的极不稳定岩层。其厚度一般在 0.5 m 以下，多由页岩、碳质页岩组成，不易支护。

直接顶是指位于煤层或伪顶之上，具有一定的稳定性，移架或回柱后能自行垮落的岩层。其厚度一般为1～2 m，多由页岩、泥岩、粉砂岩及少量的石灰岩组成。

基本顶是指位于直接顶或煤层之上，通常厚度及岩石强度较大且难以垮落的岩层。基本顶一般只发生缓慢下沉，在采空区上方悬露一段时间，达到相当面积之后才垮落一次，其岩性多为砂岩、砾岩和石灰岩等坚硬岩石。

(2) 底板。正常层序的含煤地层中赋存于煤层之下的岩层称为底板。底板可分为直接底和基本底(又称老底)，如图 3-1 所示。

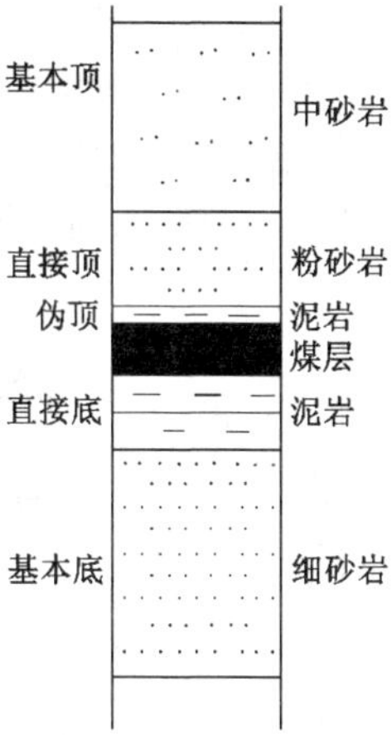


图 3-1　煤层的顶板与底板

直接底是指位于煤层之下硬度较低的岩层，厚度一般几十厘米至几米，通常为泥岩、页岩或黏土岩。

基本底是指位于直接底或煤层之下较硬岩层，通常为厚层砂岩、石灰岩等。

2. 煤层厚度

煤层厚度是指煤层顶底板之间的垂直距离。

根据开采技术的特点及对开采技术的影响，煤层按其厚度可分为三类：

(1) 薄煤层：厚度小于 1.3 m；

(2) 中厚煤层：厚度 1.3～3.5 m；

(3) 厚煤层：厚度大于 3.5 m。

在煤矿生产中，习惯上把厚度 8.0 m 以上的煤层称为巨厚煤层。煤层厚度是影响煤矿开采的主要地质因素，煤层厚度不同，采煤方法亦不同。

3. 煤层产状

煤层在地壳中赋存的状态及其展布方向称为煤层的产状。煤层的空间位置及特点通常用产状要素来描述。煤层的产状要素包括走向、倾向和倾角,如图 3-2 所示。

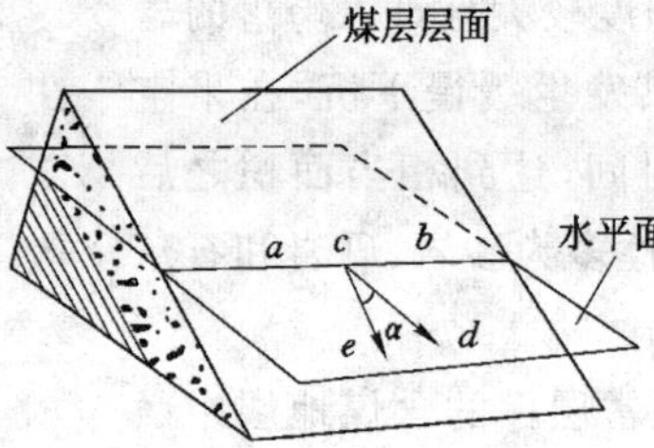


图 3-2　煤层的产状要素

*ab*——走向线;*ce*——倾斜线;*cd*——倾向;α——煤层倾角

走向:倾斜煤层层面与假想水平面的交线叫走向线,走向线的方向叫走向。

倾向:煤层层面上与走向线垂直的线叫倾斜线,倾斜线在水平面上的投影所指的方向叫倾向。

倾角:煤层层面与假想水平面所夹的最大的锐角叫倾角。

煤层倾角的大小反映煤层的倾斜程度,煤层倾角越大,开采难度越大。煤层倾角对开采技术和运输设备的选择有较大的影响。

煤层按其倾角大小可分为四类:

① 近水平煤层:倾角小于 8°;

② 缓倾斜煤层:倾角 8°～25°;

③ 倾斜煤层:倾角 25°～45°;

④ 急倾斜煤层:倾角大于 45°。

4. 煤田构造

地质构造是影响煤矿安全生产最重要的地质因素,如冒顶、片帮、煤与瓦斯突出、透水事故等都常与地质构造有关，所以在煤矿采掘过程中，遇到地质构造时要给予足够的重视。

（1）褶皱构造。褶皱构造是岩层在构造运动的作用下变形而形成的一系列连续弯曲，岩层的连续完整性未遭到破坏，是岩石塑性变形的表现。

（2）断裂构造。岩石受地应力作用，当作用力超过岩石本身的抗压强度时就会在岩石的薄弱地带发生破裂。断裂构造是岩石破裂的总称，包括劈理、节理、断层、深大断裂和超壳断裂等。断层是岩石顺破裂面发生明显位移的断裂构造。

（3）岩溶塌陷。岩溶塌陷是指在岩溶地区，下部可溶岩层中的溶洞或上覆土层中的土洞，因自身洞体扩大或在自然与人为因素影响下，顶板失稳产生塌落或沉陷的统称。

（4）岩浆侵入。当地壳中的岩浆侵入煤层时，由于它的高温，可使煤层全部或部分遭到破坏，煤质变坏，灰分增高，煤的工业价值降低，煤的变质程度加深，甚至变成天然焦。

## 二、矿井巷道

井巷的种类很多，一般按其所处空间位置和服务范围进行分类，如图 3-3 所示。矿井巷道按其空间位置分类，可分为垂直巷道、水平巷道、倾斜巷道和硐室四类。

### 1. 垂直巷道

（1）立井。立井是有直接通达地面出口的垂直巷道，也称竖井。担负矿井主要提煤任务的称为主立井；担负人员升降、材料和提矸等辅助提升任务的称为副立井。

（2）暗立井。暗立井是没有直接通达地面出口的垂直巷道。根据其所担负的任务不同可分为主、副暗立井，任务是将下水平的煤炭提升至上水平，将上水平的材料和设备下放至下水平以及运送人员等。

（3）溜井。溜井是担负自上而下溜放煤炭任务的暗井。

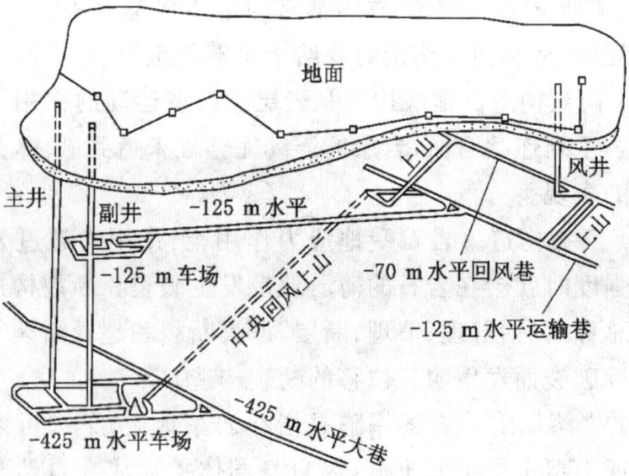


图 3-3　井巷布置

2. 水平巷道

(1) 平硐。平硐是有直接通达地面出口的水平巷道。一般除运煤外,还兼作运料、行人、通风、供电和排水等用。若开掘两条平硐,根据用途的不同,也可分为主平硐和副平硐。

(2) 平巷。平巷是没有直接通达地面的出口,在地下的煤层或岩层中,沿煤层走向开掘的水平巷道。常用的平巷有主要运输大巷、区段运输平巷与回风平巷等。

(3) 石门。石门是没有直接通达地面的出口,布置在岩层中和岩层走向垂直或斜交的水平巷道。一般有联络石门、运输石门、回风石门等。

3. 倾斜巷道

(1) 斜井。斜井是有直接通达地面出口的倾斜巷道。其用途与立井相同,有主、副井之分。

(2) 暗斜井。暗斜井是没有直接通达地面的出口,是水平之间的联系斜巷。其任务是将下水平的煤炭提升至上水平,将上水平的材料和设备下放至下水平以及运送人员等。

(3) 上山。上山是没有直接通达地面的出口,位于开采水平之上,从主要运输大巷沿煤层或岩层由下向上开掘的倾斜巷道。

(4) 下山。下山是没有直接通达地面的出口,位于开采水平之下,它的位置和开掘方向与上山相反。

(5) 溜煤眼。专作溜煤用的小斜巷。

4. 硐室

井下生产还必须开掘一些硐室。硐室实际上就是长度较小、断面较大的特殊巷道。如变电所、水泵房、火药库、电机车库、躲避硐室、井下调度室和候车室等。

## 三、矿井开拓

矿井开拓方式是指由地表进入煤层而开掘的一系列巷道的布置方式。通常以井筒形式为主要依据,将矿井开拓方式分为斜井开拓、立井开拓、平硐开拓和综合开拓。

1. 斜井开拓

斜井开拓是利用倾斜巷道由地面进入地下到达煤层的开拓方式,如图 3-4 所示。根据井筒位置及开拓巷道布置方式不同可以把斜井开拓分成片盘斜井开拓和斜井分区开拓等多种。

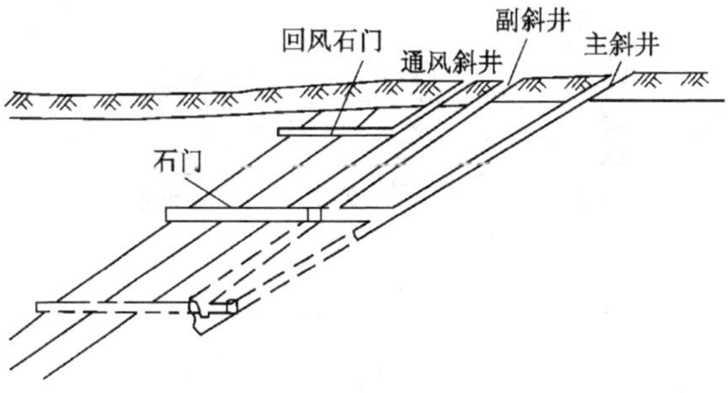


图 3-4　斜井开拓

2. 立井开拓

立井开拓是利用垂直巷道由地面进入地下,并通过一系列巷道到达煤层的一种开拓方式,如图 3-5 所示。它也是我国煤矿广泛采用的开拓方式。由于开采水平设置不同,立井开拓可有多种方案。其中,以立井单水平或多水平分区开拓方式应用得最多。

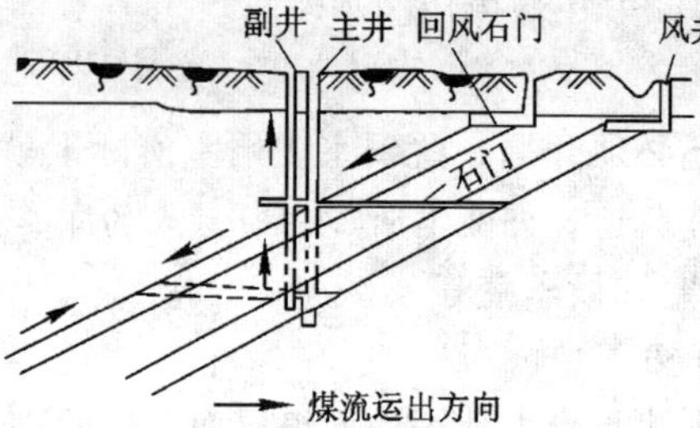


图 3-5 立井开拓

3. 平硐开拓

平硐开拓是利用水平巷道从地面进入地下,并通过一系列巷道通达矿体的开拓方式,如图 3-6 所示。平硐一般分为走向平硐、垂直平硐和阶梯平硐。

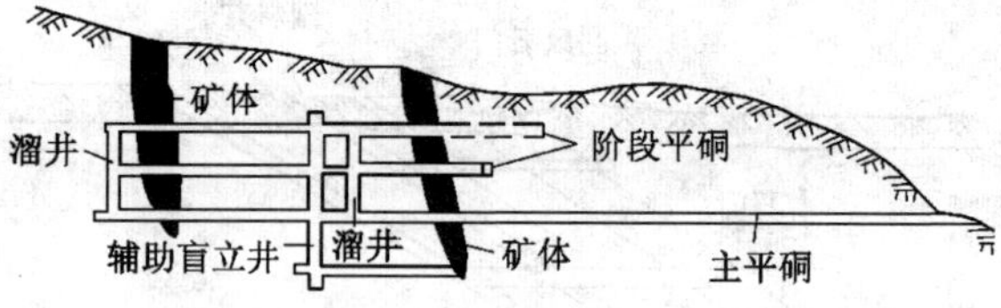


图 3-6 平硐开拓

4. 综合开拓

综合开拓是指借助于以上两种或两种以上井硐形式综合开拓井田。可供选择的综合开拓方式有:立井—斜井、平硐—斜井、立井—平硐及立井—斜井—平硐等。

## 四、矿井生产系统

井下生产系统有掘进、采煤和运输提升等三个主要过程，还有通风、排水、材料和动力供应等辅助生产系统。井下生产系统的主要任务是保证井下采煤、掘进、运输、提升、排水和通风等工作正常进行，把采掘出来的煤炭和矸石输送到地面，再和地面生产系统相衔接。同时，将动力、材料和设备送至所需地点。

图 3-7 为矿井生产系统示意图。井下生产系统主要包括运煤系统、通风系统、运料排矸系统、排水系统、动力供应系统等。矿井的生产系统由于地质条件、井型和设备的不同而各有其特点。

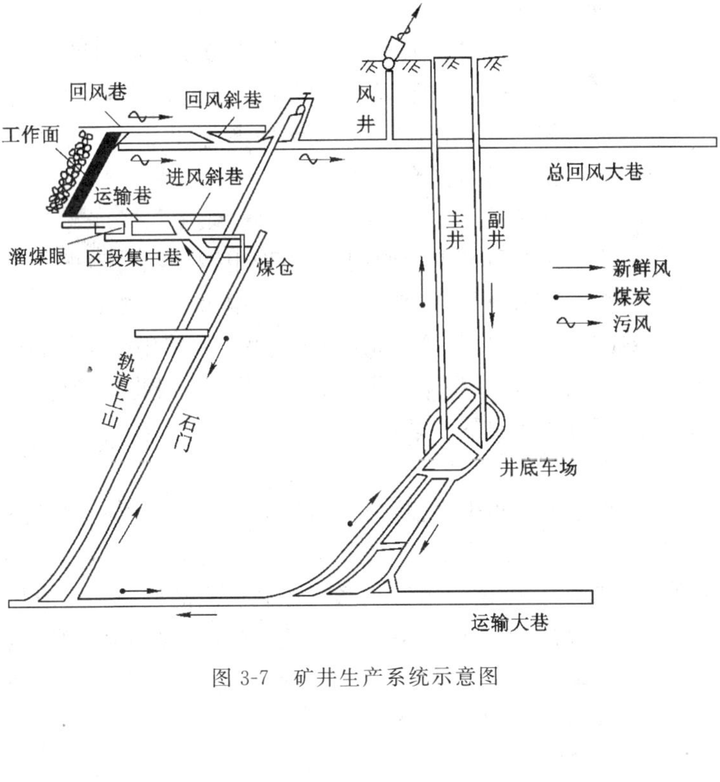


图 3-7　矿井生产系统示意图

1. 运煤系统

采煤工作面破落的煤，经区段运输平巷、区段溜煤眼、区段集中巷、采区上山到采区煤仓，然后经水平运输大巷、主要运输石门运到井底车场，由主井提升到地面。

2. 运料排矸系统

采煤工作面所需的材料和设备，用矿车由副井下放到井底车场，经主要运输石门、运输大巷、采区运输石门、采区下部材料车场，再由采区轨道上山经采区上部车场提升到区段回风平巷，再运到采煤工作面。采煤工作面回收的材料、设备和掘进工作面运出的矸石，用矿车经由与运料系统相反的方向运至地面。

3. 矿井排水系统

排水系统一般与进风风流方向相反，采煤工作面的渗水，经由区段运输平巷、采区上山、采区下部车场、水平运输大巷、主要运输石门等巷道一侧的水沟，自流到井底车场水仓，再由水泵房的排水泵通过副井的排水管道排至地面。

4. 矿井供电系统

矿井供电系统可简单地归纳为：电网电源→煤矿地面变电所→井下中央变电所→采区变电所→工作面配电点。电源有甲乙两回路，当任一回路发生故障停止供电时，另一回路仍能担负起矿井全部负荷。正常时，如果采用甲回路运行，则乙回路应带电备用，以确保生产过程供电的连续性。

5. 通风系统

在煤矿生产过程中，为将地面新鲜空气定量、定向、连续不断地供给井下各用风地点，除了要有提供动力的通风机械及引导风流的巷道和风筒外，还必须有一系列控制风流的设施。由通风动力、各条巷道构成的通风网络以及控制风流的一切设施，总称为通风系统。煤矿通风系统对全矿井的经济效益和安全生产具有决定性作用，是煤矿安全生产的基础。

## 五、矿山压力概述

1. 矿山压力的基本概念

由于采掘活动的影响，在采掘空间周围岩体上及支护物上所产生的力称为矿山压力。由于矿山压力的作用将引起围岩及支护物的位移、变形、破坏等一系列的力学现象称为矿压显现。

影响矿山压力显现的基本因素有岩石力学性质、开采深度、煤层倾角、节理、裂隙、断层与褶曲、挤压与破碎带等；巷道位置、开采程序、支护方法、顶板控制方法、工作面推进速度、采高与控顶距、上部煤层残留煤柱等开采因素对矿山压力显现也有很大的影响。

2. 采煤工作面直接顶的初次垮落和老顶的周期来压

(1) 直接顶的初次垮落：工作面自开切眼向前推进一段距离后(8～25 m)，假如没有支护，直接顶悬露达到一定距离，在其重力的作用下，就要开始垮落，称为工作面直接顶的初次垮落，这时直接顶的跨距称为初次垮落步距。

《煤矿安全规程》规定：采煤工作面必须按作业规程的规定及时支护，严禁空顶作业。直接顶不能任其自然垮落。当工作面推进距离达到初次垮落步距时，要进行初次放顶。采煤工作面初次放顶时必须制定安全措施，采煤区(队)长要亲临现场进行指挥。

(2) 工作面老顶的周期来压：随着采煤工作面的推进，在老顶初次来压以后，裂隙带岩层形成的结构，将始终经历“稳定—失稳—再稳定”的变化，这种变化将呈现周而复始的过程。由于结构的失稳导致了工作面顶板的来压。这种来压也将随着工作面的推进而呈周期性出现。因此，由于裂隙带岩层周期性失稳而引起的顶板来压现象称为工作面顶板的周期来压。

周期来压的主要表现形式是：顶板下沉速度急剧增加，顶板的下沉量变大，支柱所受的载荷普遍增加，有时还可能引起煤壁片帮、支柱折损、顶板发生台阶下沉等现象。如果支柱参数选择不合适或者单体支柱稳定性较差，则可能导致局部冒顶、甚至顶板沿工作面切落等事故。

工作面周期来压时的安全措施：

① 通过矿压观测，准确判断周期来压的时间和位置，做好预测预报工作。

② 做好来压前的支护工作，保证支架的规格质量，保证一定的支护密度和支架稳定性。

③ 合理缩小控顶距，以利于工作面维护。

④ 保证直接顶垮落的质量。采空区冒落的矸石可以减轻老顶的来压强度。

⑤ 加强正规循环，保持工作面推进速度。

## 第二节 井巷工程施工安全

### 一、井巷工程概述

井巷工程包括井筒、井底车场巷道及硐室、主要石门、运输大巷、采区巷道和回风巷道等全部工程。井巷工程施工的主要特点是：作业空间狭小，通风照明条件差，噪声大，劳动条件恶劣。同时，井巷经常要通过各种不同的岩层，地质条件复杂，潜在的不安全因素多，危险性大，可能会发生冒顶、片帮、透水、爆炸、机械伤害、尘毒危害等各种事故，造成人员伤亡、财产损失。因此，必须十分重视井巷掘进的安全问题。

### 二、主要施工方法

1. 巷道爆破掘进

爆破掘进是煤矿传统的巷道掘进方法，通过打眼、装药、连线、放炮、出矸、支护等一系列工作形成巷道，其作业流程与普通凿井法类似。目前国内岩巷掘进仍以钻爆法为主。煤矿常用风动凿岩机如图 3-8 所示，它主要用来打炮眼。

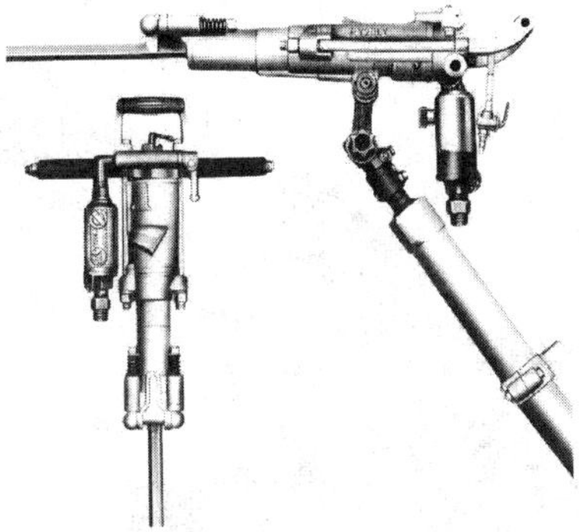

图 3-8　风动凿岩机

2. 巷道掘进机

巷道掘进机是用于开凿地下平直巷道的机器。巷道掘进机主要由行走机构、工作机构、装运机构和转载机构组成，随着行走机构向前推进，工作机构中的切割头不断破碎岩石，并将碎岩运走。掘进机有安全、高效和成巷质量好等优点，但造价大，构造复杂，损耗也较大。

我国煤巷高效掘进方式中最主要的是悬臂式掘进机与单体锚杆钻机配套作业线，也称为煤巷综合机械化掘进，在我国国有重点煤矿得到了广泛应用。目前，我国掘进机生产的整体技术性能已达到国际先进水平，基本能够满足国内半煤岩掘进机市场的需求。煤矿常用悬臂式巷道掘进机如图 3-9 所示。

**三、井巷支护**

井巷支护的目的是为了防止围岩破坏，按支护存在的时间可分为临时支护和永久支护。按支护方式，井巷支护可分为以下四类。

1. 锚杆支护

锚杆支护是指掘进后即向巷道围岩钻孔，然后向孔中安装锚杆，单独采用锚杆的支护。必要时也可安装锚索(如在大断面巷道

图 3-9 悬臂式巷道掘进机

或硐室支护时)，目的是使锚杆和锚索与围岩共同作用起支护作用。

2. 锚喷支护

锚喷支护是指联合使用锚杆和喷射混凝土或喷浆的支护。

3. 混凝土及钢筋混凝土支护

混凝土支护是用预制混凝土块或浇注混凝土支架所进行的支护。钢筋混凝土支护是用预制的钢筋混凝土构件或浇注的钢筋混凝土支架所进行的支护。钢筋混凝土支护是立井井筒和运输大巷及井底车场的主要支护方式。

4. 棚状支架

棚状支架根据材质不同可以分为木支架和金属支架。

**四、井巷施工的安全管理要求**

巷道掘进安全是指矿井生产中巷道掘进施工的安全，包括井巷通风、防尘、支护、防火、爆破作业安全、电气设备安全等。掘进作业危险性较大，应采取按技术标准设计、配备安全设施、进行有效的尘毒监测、强化安全管理、制定严格的安全规章制度等措施来确保掘进安全。

1. 安全制度建设

要建立健全安全管理制度，主要包括：安全目标管理制度、安全生产责任制、安全考核奖励制度、事故隐患排查制度、交接班制度、领导值班与跟班制度、设备维修制度、技术培训制度等。

2. 严格执行敲帮问顶确认制

临时支护前和永久支护前必须严格执行敲帮问顶制度，两次敲帮问顶必须有安全员在场监护，并在隐患排查记录上签字。其主要内容包括：敲帮问顶工具、时间、责任人，顶板是否完整等（图 3-10）。

图 3-10

3. 严格执行临时支护确认制

临时支护必须有安全员在现场确认，并在隐患排查记录上签字。其主要内容包括：临时支护是否符合技术措施要求，护板材料是否覆盖新暴露的顶板，临时支护责任人等。

4. 严格执行“五不准”施工制度

“五不准”包括：

(1) 接班后，没经过班组长和安全员检查，没联合下达开工命令，任何职工不得施工；

(2) 现场有威胁安全的隐患未处理的不准施工；

(3) 生产过程中，安全员和班组长不在现场不准施工(图3-11)；

(4) 迎头地质条件发生较大变化，不经会审通过不准施工；

(5)《煤矿安全规程》考试不合格或施工措施要点不掌握的人员不准施工。

图 3-11

5. 掘进工作面通风

掘进工作面通风一般采用局部通风机通风，有压入式通风、抽出式通风和混合式通风三种，其中抽出式通风适用于无瓦斯的岩巷。局部通风机的安装和使用主要有以下要求：

(1) 严格按照设计供风量要求选择风机，保证掘进迎头的风量。

(2) 严禁使用三台以上(含三台)局部通风机同时向一个掘进工

作面供风，严禁一台局部通风机同时向两个作业的掘进工作面供风。

(3) 掘进工作面必须采用双抗风筒，风筒到掘进迎头的距离必须满足要求。

(4) 掘进工作面供电必须采用“三专两闭锁”(三专：专用变压器、专用线路、专用开关；两闭锁：风电闭锁、瓦斯电闭锁)。

(5) 严格执行关于停风的规定，包括临时停工不得停风，恢复通风必须先进行瓦斯检测等。

(6) 严格执行关于扩散通风、循环风、串联通风等规定。

(7) 巷道贯通时应根据具体情况制定专门的规范和技术措施，并严格执行。

## 第三节　采煤方法

### 一、采煤方法

采煤方法可分为长壁开采和短壁开采两大体系。长壁开采的工作面布置较长，一般数十米至数百米，推进长度一般数百米至数千米。按工作面方向与煤层倾角的关系，长壁开采可分为走向长壁和倾斜长壁两种布置方式。

1. 走向长壁采煤法

采煤工作面沿倾斜布置，沿走向推进，如图 3-12 所示。目前我国大多数大中型矿井都采用此法布置。通常在回风平巷内铺设轨道，用矿车运送材料和设备；运输平巷内用带式输送机、刮板输送机或矿车运送煤炭。

2. 倾斜长壁采煤法

回采工作面沿水平走向布置，沿倾斜上行仰采或下行俯采推进，如图 3-13 所示。该方法的主要优点是巷道掘进费用低、运输环节少、系统简单。它适用于煤层倾角小于 12°且地质条件简单的煤层。

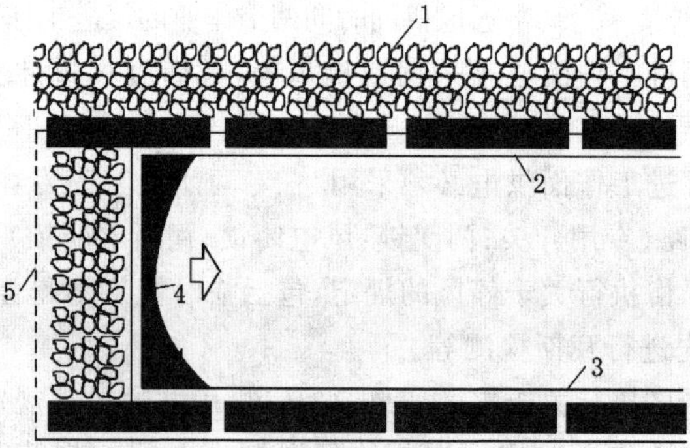


图 3-12 走向长壁工作面布置

1——采空区；2——工作面回风巷；

3——工作面进风巷；4——工作面；5——开切眼

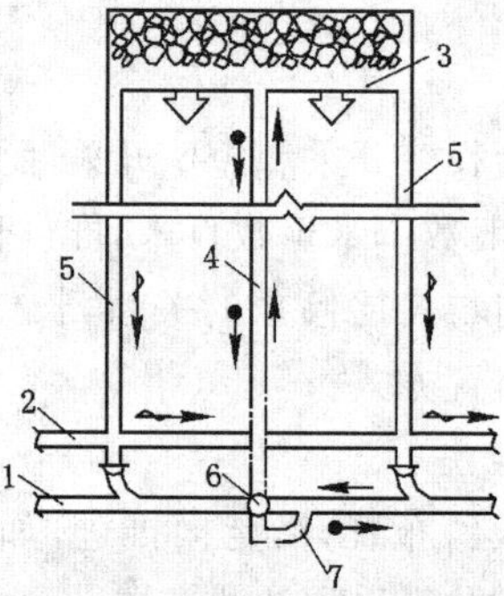


图 3-13 倾斜长壁工作面布置

1——运输大巷；2——轨道大巷；3——采煤工作面；4——运输巷；

5——轨道巷；6——溜煤眼；7——绕道

## 二、采煤工艺

在采煤工作面内按照一定顺序完成各项工序的方法及其配合，称为采煤工艺。

（一）炮采工作面

炮采工艺方式是指长壁采煤工作面用爆破方法破煤、爆破及人工装煤、输送机运煤和单体支柱支护的采煤工艺。

（1）爆破落煤。炮采工作面的落煤，是按照爆破要求，首先在工作面煤壁上用煤电钻打出炮眼；炮眼内装填煤矿安全炸药、雷管和炮泥，待工作面人员全部撤至安全地点，布置好警戒后，由爆破工用专门的发爆器进行引爆；靠爆破把煤从煤壁上崩落下来。

（2）装煤。炮采工作面破落下来的煤，除一部分由爆破作用装入输送机外，大部分由人工攉入输送机。

（3）运煤。炮采工作面多数采用可弯曲刮板输送机运煤。当煤层倾角大于 20°时，也可采用溜槽运煤。

（4）推移刮板输送机。煤炭装运完毕，用液压千斤顶推移刮板输送机至煤壁附近。

（5）支护。炮采工作面可采用单体液压支柱或金属摩擦支柱配合金属铰接顶梁来支护顶板。

（二）普采工作面

普通机械化采煤（普采）工作面一般采用单滚筒采煤机（少数条件下采用双滚筒采煤机或刨煤机）落煤和装煤，可弯曲大型刮板输送机运煤，单体液压支柱铰接顶梁支护，液压推移器移刮板输送机。普采工作面布置一般如图3-14所示。

1. 普采工作面主要设备

（1）单滚筒采煤机。普采工作面单滚筒采煤机的滚筒一般位于机体靠近运输平巷的一段，这样使煤流尽量不通过机体下方，有利于工作面技术管理。

（2）单体液压支柱支护。采煤工作面单体支柱的布置应能够适应煤层赋存条件和顶底板岩性，保证采煤作业空间安全。现阶段，工作面支护一般采用单体液压支柱与金属铰接顶梁配套的悬

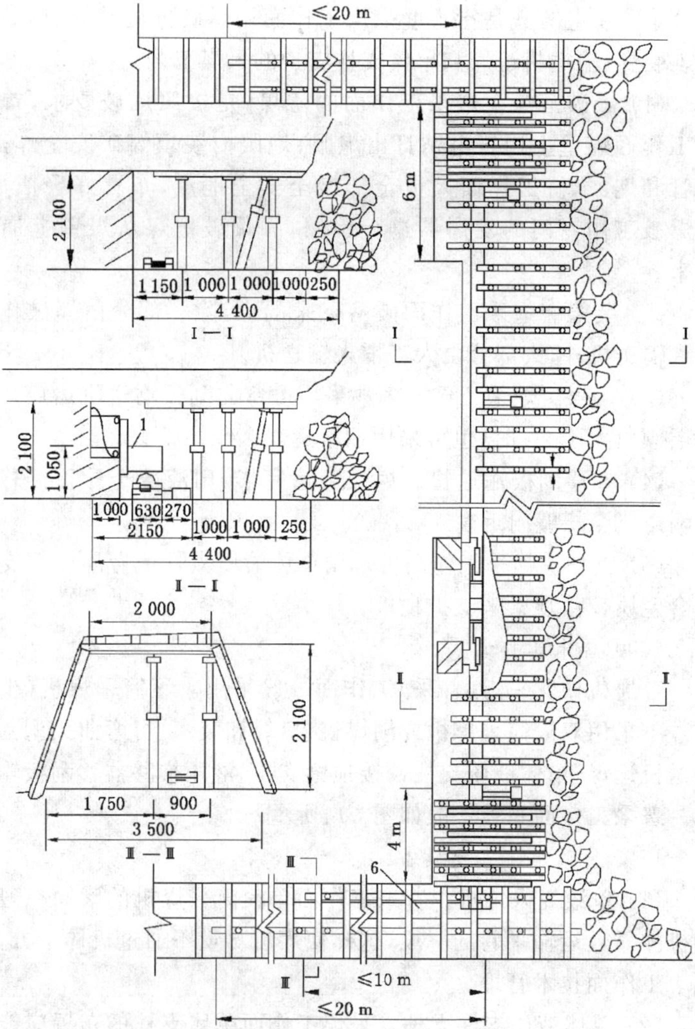


图 3-14 普采工作面布置

臂支架方式,典型设备如图 3-15 所示。

(a)

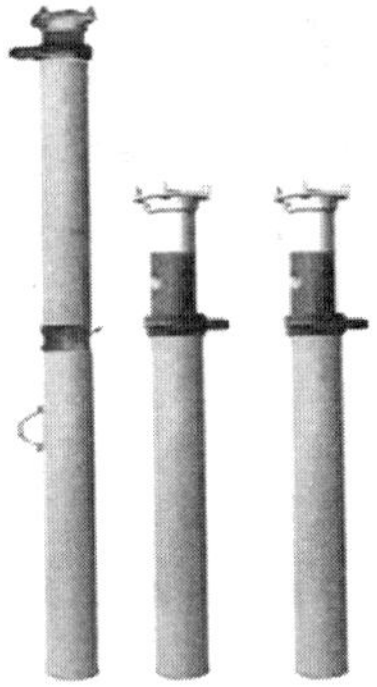

(b)

图 3-15　单体支柱支护

(a) 铰接顶梁;(b) 单体液压支柱

2. 普通机械化采煤工作面生产工艺(普采工艺)

(1) 破煤。普采工作面采用滚筒采煤机把煤从煤壁上截割下来。

(2) 装煤。使用滚筒采煤机的工作面,滚筒割落的煤主要靠滚筒上螺旋叶片的旋转将煤推入溜槽,剩余的浮煤由安装在输送机溜槽一侧的铲煤板在推移输送机时铲入溜槽内。也可由人工进行清理或在采煤机后面拖带装煤犁进行二次装煤。

(3) 运煤。普采工作面多用可弯曲刮板输送机来运煤。

(4) 支护。普采工作面通常都采用单体液压支柱来支护顶板。

3. 采空区处理

采空区处理是人为地控制顶板移动与垮落,以减轻工作面压力,保证生产正常进行。

（三）综采工作面

1. 综采工作面布置及主要设备

综采工作面三机布置如图 3-16 所示。综采工作面的设备布置如图 3-17 所示。工作面的主要设备有：双滚筒采煤机、可弯曲刮板输送机、液压自移支架。平巷内的主要设备有：桥式转载机、可伸缩带式输送机、移动变电站、泵站及电气设备等。

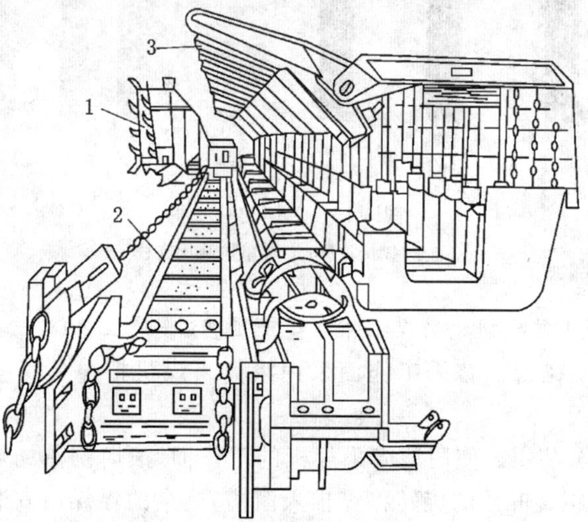


图 3-16　综采工作面三机布置

1——采煤机；2——刮板输送机；3——液压支架

(1) 工作面采煤机和输送机。综采工作面落煤，有滚筒式采煤机和刨煤机两种。我国广泛使用可调高的双滚筒采煤机，其功率及生产能力等技术特征优于普采工作面采煤机。

(2) 液压支架。综采工作面使用的液压支架是以高压液体为动力，自行完成支撑、降架、支架前移、推移输送机和采空区处理等

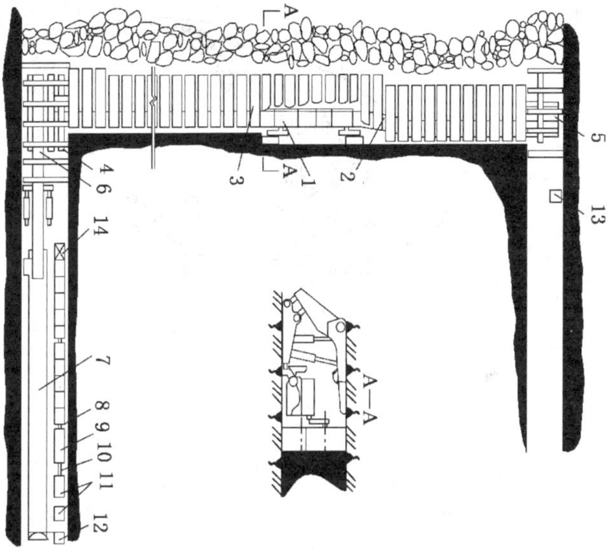


图 3-17　综采工作面布置示意图

1——采煤机；2——刮板输送机；3——液压支架；4——下端头支架；
5——上端头支架；6——转载机；7——可伸缩带式输送机；8——配电箱；
9——移动变电站；10——设备列车；11——泵站；12——喷雾泵站；
13——绞车；14——集中控制台

工序。掩护式液压支架如图 3-18 所示。

(3) 转载机和可伸缩带式输送机。转载机在工作面刮板输送机和区段运输巷可伸缩带式输送机之间起转载作用。转载机能随采煤工作面的推进，用机械动力将其整体纵向前移。可伸缩带式输送机是区段运输巷中的运煤设备，可随着工作面的推进，调节输送机的长度。

(4) 移动变电站和乳化液泵站。移动变电站是随工作面推进而移动的变电站，它是工作面设备的动力电源。乳化液泵站是向液压支架及其他液压设备供给高压液体的设备，它随工作面的推进而向前移动。

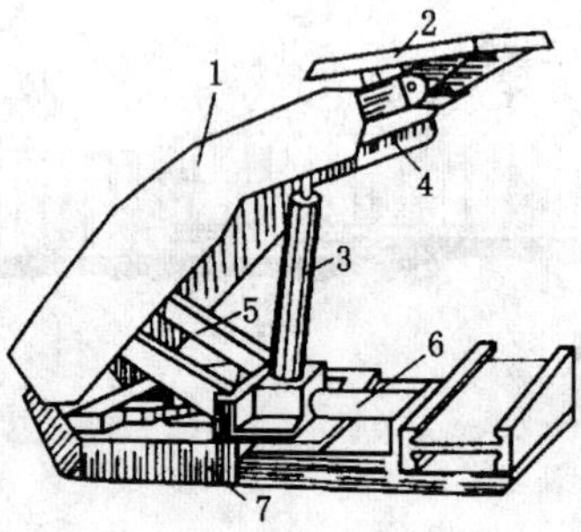


图 3-18　掩护式液压支架示意图

1——掩护梁；2——顶梁；3——立柱；4——侧护板；
5——连杆；6——推移千斤顶；7——底座

2. 综合机械化采煤工艺（综采工艺）

综合机械化采煤工艺是用机械破煤、装煤、运煤，自移式液压支架支护顶板的采煤工艺系统。

综采工作面的工艺过程比较简单，常用的综采工作面工艺过程为：采煤机落煤和装煤→移刮板输送机→移液压支架。采煤机滚筒割煤时，其上安装的螺旋叶片和挡煤板相配合，把煤炭装入刮板输送机的溜槽中，通过刮板输送机运走。在采煤机割煤的同时，滞后一段距离进行推移支架和刮板输送机，支架后方的顶板在移架过程中自然垮落。

（四）综合机械化放顶煤工艺（综放工艺）

放顶煤采煤法就是在厚煤层中，沿煤层（或分段）底部布置一个采高 2～3 m 的长壁采煤工作面，利用综合机械化采煤工艺（或其他回采工艺）进行回采，利用矿山压力的作用或辅以人工松动方法使支架上方的顶煤破碎成散体后由支架后方（或上方）放出，并予以回收的一种采煤方法。

综合机械化放顶煤工作面设备布置如图 3-19 所示。其工艺过程如下：在煤层（或分段）底部布置的综采工作面中，采煤机割煤

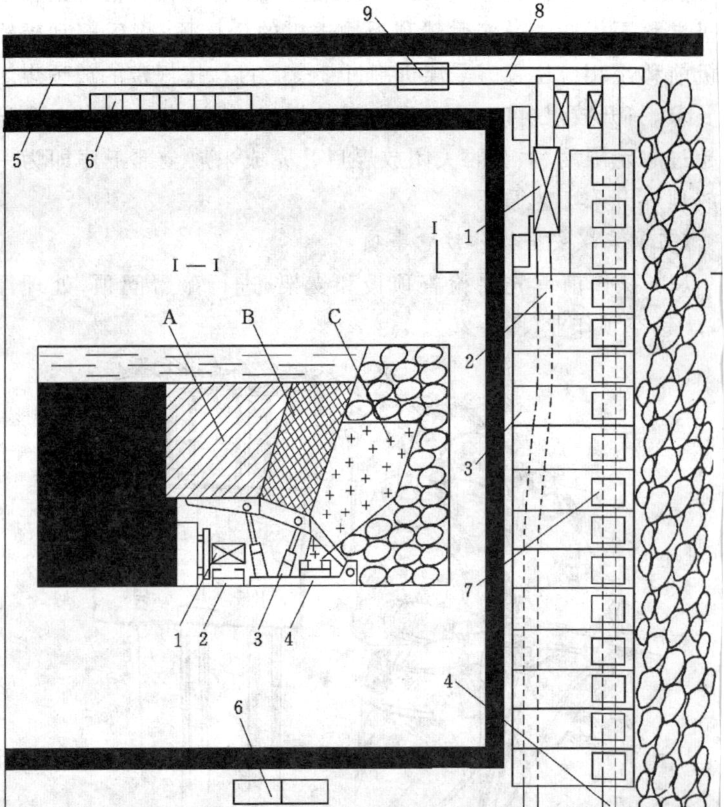


图 3-19　综采放顶煤工作面布置示意图

1——采煤机；2——前部刮板输送机；3——放顶煤液压支架；
4——后部刮板输送机；5——平巷胶带输送机；6——泵站、移动变电站等；
7——放顶煤窗口；8——转载机；9——破碎机
A——不充分破碎煤体；B——较充分破碎煤体；C——待放出煤体

后，液压支架及时支护并移至新的位置，随后将工作面前部刮板输送机推移至煤壁。操作后部刮板输送机的千斤顶，将后部刮板输送机前移至相应位置。采煤机割过1～3刀后，按规定的放顶煤工艺要求，打开放煤窗口，放出已松散的煤炭，待放出的煤炭中含矸量超过一定限度后，及时关闭放煤口。完成采放全部工序即为一个放顶煤开采工艺循环。

（五）采煤安全操作注意事项

（1）操作前首先要检查顶板和支架，进行敲帮问顶，处理浮矸，严禁空顶作业（图3-20）。

图3-20

（2）使用煤电钻打眼时要注意输送机的运转情况，防止后方拉出的材料、大块煤（矸）伤人，煤电钻的电缆不准放在输送机上。

（3）打眼与装药不准在同一地点平行作业。

（4）装煤时要随时注意顶板和煤帮，防止掉矸或片帮砸人；不要将柱底掏空，以免倒柱砸人或引起冒顶。

（5）装煤时发现瞎炮、丢炮不能用镐刨或用手拽雷管脚线，以

防发生意外爆炸。拾到炸药、雷管要及时交给爆破工。

(6) 刮板输送机严禁乘人，用来运送材料时要防止顶人和碰倒支柱；移动输送机时必须有防止冒顶、顶伤人员和损坏设备的措施；机头、机尾的压柱要打牢靠。

(7) 支柱要迎山有劲，严禁退山；不准提前回基本柱；对歪、倒支柱要及时处理；支柱不得打在浮煤(矸)上，如果底软，要“穿鞋”。

(8) 回柱放顶要做到顶板没维护好、浮煤不清扫、支柱不完整、超前特殊支架未打齐、回柱绞车不稳固、钢丝绳道不畅通时，不准放顶。

(9) 在采煤机反向时人员要离开牵引钢丝绳或大链，以免其弹起伤人。割煤时要远离滚筒，以防煤(矸)割落时伤人。

(10) 在任何情况下，严禁人员进入采空区内。

(六) 采空区安全管理

为保证采煤工作面生产安全，应加强采空区安全管理，主要包括如下措施。

(1) 对于坚硬性顶板，应及时放顶，以防采空区内大面积悬露的坚硬顶板突然塌落，将工作面压垮而造成大型顶板冒落事故。主要措施包括：顶板高压注水、强制放顶等。

(2) 对于破碎顶板，应保证支护效果，防止发生局部漏冒而导致支护失效。主要措施包括：要求支护完整，避免出现顶板局部漏洞；对局部漏洞及时加以堵塞，防止其扩大。

(3) 对于下软上硬的复合顶板，应防止工作面支架因水平方向推力而发生倾倒，造成推垮型冒顶。主要预防措施包括：① 工作面上下平巷掘进时不破坏复合顶板；② 工作面初次推采时不要向采空区方向推进；③ 避免平巷与工作面斜交；④ 严禁仰斜开采；⑤ 提高支柱的初撑力；⑥ 将工作面支架连成一体；⑦ 灵活应用戗柱和戗棚。

(4) 及时排除采空区积聚的瓦斯。工作面上隅角积聚的瓦斯是导致采煤工作面瓦斯爆炸事故的主要诱因之一，因此应通过优化开采方式（采用俯采等），加强工作面上隅角通风，进行采空区瓦斯抽放等措施及时排除瓦斯积聚隐患。

## 第四节 矿井通风安全

### 一、矿井空气

1. 地面空气

地面空气是包围着我们居住的地球表面的地面大气，它是由干空气和水蒸气组成的混合气体。

2. 井下空气主要成分

(1) 氧气（$O_2$）。氧气的性质：一种无色、无味、无臭的气体。《煤矿安全规程》规定：采掘工作面的进风流中，氧气浓度不低于20%。

(2) 氮气（$N_2$）。氮气是一种无色、无味、无臭的气体。在正常情况下，氮气对人体无害，当空气中含氮量过多时，就会降低氧气含量，可以因缺氧而使人窒息。

(3) 二氧化碳（$CO_2$）。二氧化碳是一种无色、略带酸味的气体，易溶于水、不助燃、不能维持呼吸，对眼、喉咙和鼻的黏膜有刺激作用。《煤矿安全规程》中规定：采掘工作面的进风流中，二氧化碳浓度不超过0.5%。

### 二、井下主要有害气体

**【案例3-1】** 2013年1月29日，黑龙江省东宁县永盛煤矿发生一起一氧化碳中毒事故，造成12人死亡，8人受伤，直接经济损失1149万元。事故直接原因：邻近另一报废矿井火区的一氧化碳通过裂隙渗入永盛煤矿8#下煤层左二平巷第四片盘；由于矿井停风，造成井下一氧化碳积聚，作业人员进入左二平巷排水，导致一氧化碳中毒事故发生。

由于受矿井生产中的物理、化学变化影响，井下空气中存在一些有毒有害气体(图 3-21)。

图 3-21

1. 一氧化碳(CO)

(1) 一氧化碳的性质。一氧化碳是一种无色、无味、无臭的气体。在一般温度与压力下，一氧化碳的化学性质不活泼，但浓度达到 13%～17%时遇火能引起爆炸。

(2) 一氧化碳的危害。一氧化碳之所以毒性很强，是因为一氧化碳被吸入人体后会阻碍氧和血红蛋白的正常结合，使人体各部分组织和细胞缺氧，引起窒息和中毒死亡。

(3) 井下来源。主要有：① 井下火灾，煤层自燃；② 瓦斯与煤尘爆炸；③ 爆破工作。

2. 硫化氢($H_2S$)

(1) 硫化氢的性质。硫化氢是一种无色、有臭鸡蛋气味的气体，有毒性，能溶于水，能燃烧，当浓度达 4.3%～46%时还具有爆炸性。

(2) 硫化氢的危害。硫化氢有剧毒。它能使人体血液缺氧而中毒,对眼睛及呼吸道的黏膜具有强烈的刺激作用,能引起鼻炎、气管炎和肺水肿。

(3) 井下来源。主要有:① 坑木腐烂;② 含硫矿物(如黄铁矿、石膏等)遇水分解;③ 从采空区废旧巷道涌出或煤、岩中放出;④ 爆破工作产生。

3. 二氧化硫($SO_2$)

(1) 二氧化硫的性质。二氧化硫是一种无色、具有强烈硫黄燃烧味的气体,能溶于水。它对眼睛和呼吸器官有强烈的刺激作用。

也能会对呼吸道的黏膜产生强烈的刺激作用,引起喉炎和肺水肿。

(2) 井下来源。主要有:① 含硫矿物的自燃或缓慢氧化;② 从煤围岩中放出;③ 在硫矿物中爆破生成。

4. 二氧化氮($NO_2$)

二氧化氮为红褐色气体,对眼睛、鼻腔、呼吸道及肺部有强烈的刺激作用,可引起肺部水肿。

5. 氨气($NH_3$)

氨气是一种无色、有浓烈刺激性恶臭的气体。当空气中的氨气浓度达到30%时遇火有爆炸性。氨气有毒,它对皮肤和呼吸道黏膜有刺激作用,可引起喉头水肿,严重时使人失去知觉,以至死亡。氨气主要是在矿井发生火灾或爆炸事故时产生。

6. 甲烷($CH_4$)

甲烷是矿井有害气体的主要成分,占体积总量的90%以上。在煤矿生产中,通常把以甲烷为主的这些有毒有害气体总称为瓦斯。

**三、防止有害气体危害的措施**

(1) 加强通风。

（2）加强对有害气体的检查（图 3-22）。

图 3-22

（3）瓦斯抽放。

（4）爆破喷雾和使用水炮泥。

（5）加强对通风不良处和井下盲巷的管理。

（6）井下人员必须随身佩戴自救器。

（7）对缺氧窒息或中毒人员及时进行急救。一般是先将伤员移到新鲜风流中，根据具体情况采取人工呼吸（$NO_2$、$H_2S$ 中毒除外）或其他急救措施。

## 四、《煤矿安全规程》对矿井空气成分的有关规定

由于空气中氧含量的降低和有害气体的增加对人体健康和生命安全会造成严重危害，因此《煤矿安全规程》对井下空气中氧的含量及各种有害气体的浓度都作出了明确规定。

《煤矿安全规程》第一百三十五条规定：采掘工作面的进风流中，氧气浓度不低于 20%，二氧化碳浓度不超过 0.5%。有害气体的浓度不超过表 3-1 的规定。

**表 3-1 矿井有害气体最高允许浓度**

| 名 称 | 最高允许浓度/% |
|---|---|
| 一氧化碳 $CO$ | 0.002 4 |
| 氧化氮(换算成二氧化氮 $NO_2$) | 0.000 25 |
| 二氧化硫 $SO_2$ | 0.000 5 |
| 硫化氢 $H_2S$ | 0.000 66 |
| 氨 $NH_3$ | 0.004 |

《煤矿安全规程》第一百六十七条规定:井下充电室风流中以及局部积聚处的氢气浓度,不得超过0.5%。

《煤矿安全规程》第一百七十一条规定:矿井总回风巷或一翼回风巷中甲烷或二氧化碳浓度超过0.75%时,必须立即查明原因,进行处理。

《煤矿安全规程》第一百七十二条规定:采区回风巷、采掘工作面回风巷风流中甲烷浓度超过1.0%或二氧化碳浓度超过1.5%时,必须停止工作,撤出人员,采取措施,进行处理。

《煤矿安全规程》第一百七十三条规定:采掘工作面及其他作业地点风流中甲烷浓度达到1.0%时,必须停止用电钻打眼;爆破地点附近20 m以内风流中甲烷浓度达到1.0%时,严禁爆破。采掘工作面及其他作业地点风流中、电动机或其开关安设地点附近20 m以内风流中的甲烷浓度达到1.5%时,必须停止工作,切断电源,撤出人员,进行处理。采掘工作面及其他巷道内,体积大于0.5 $m^3$ 的空间内积聚的甲烷浓度达到2.0%时,附近20 m内必须停止工作,撤出人员,切断电源,进行处理。对因甲烷浓度超过规定被切断电源的电气设备,必须在甲烷浓度降到1.0%以下时,方可通电开动。

《煤矿安全规程》第一百七十四条规定:采掘工作面风流中二氧化碳浓度达到1.5%时,必须停止工作,撤出人员,查明原因,制定措施，进行处理。

《煤矿安全规程》第一百七十六条规定：局部通风机因故停止运转，在恢复通风前，必须首先检查瓦斯，只有停风区中最高甲烷浓度不超过 1.0%和最高二氧化碳浓度不超过 1.5%，且局部通风机及其开关附近 10 m 以内风流中的甲烷浓度都不超过 0.5%时，方可人工开启局部通风机，恢复正常通风。停风区中甲烷浓度超过1.0%或二氧化碳浓度超过 1.5%，最高甲烷浓度和二氧化碳浓度不超过 3.0%时，必须采取安全措施，控制风流排放瓦斯。停风区中甲烷浓度或二氧化碳浓度超过 3.0%时，必须制订安全排瓦斯措施，报矿总工程师批准。

## 五、矿井通风系统

矿井通风系统是矿井通风方式、方法和通风网络的总称，它对矿井安全生产和经济效益有重大影响。《煤矿安全规程》第一百四十二条规定：矿井必须有完整的独立通风系统。

### *（一）矿井通风方法*

矿井通风方法以风流获得的动力来源不同分为自然通风和机械通风两种。利用自然因素产生的通风动力，使空气在井下巷道中流动的通风方法称为自然通风。利用通风机运转产生的通风动力，使空气在井下巷道中流动的通风方法称为机械通风。

在机械通风的矿井中，通风机的工作方式分抽出式（图 3-23）和压入式（图 3-24）两种。

抽出式通风的矿井主要通风机安装在出风井口，通风机运转后产生的机械能量将井巷空气抽到地表，使井下风流中任一点的压力都低于当地同标高大气压力，处于负压状态，故称为负压通风。

压入式通风的矿井主要通风机安装在进风井口，通风机运转产生的机械能量将地面空气压入井下，使井下风流中任一点的压力都高于当地同标高大气压力，处于正压状态，故称为正压通风。

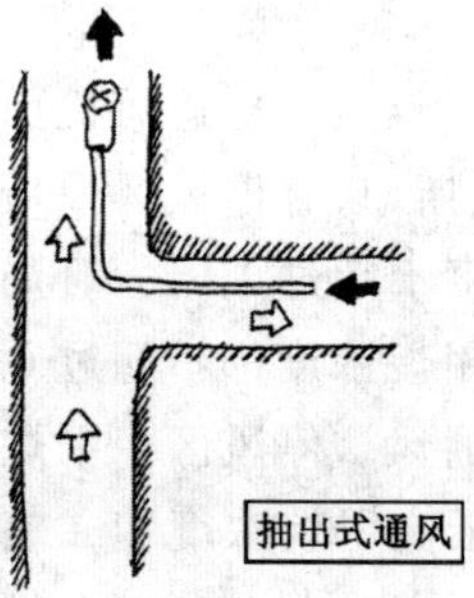


图 3-23

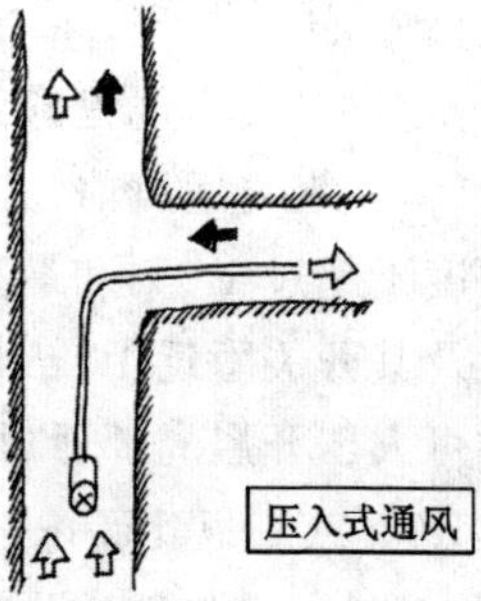


图 3-24

除抽出式和压入式通风方法外,也有少数矿井采用抽压混合式的通风方法(图 3-25)。它是在进风井口和出风井口都安装主要通风机。进风井口的主要通风机运转,将地面新鲜 5 空气压入井下,出风井口的主要通风机运转,将井巷中的污浊空气抽到地面。这种通风方法使矿井通风系统大部分处于较高压力状态,进、回风集中,风流易按指定路线流动,漏风少。但这种通风方法所需通风设备多,动力消耗大。当矿井井下用风地点与地表塌陷区沟通,漏风大时,可采用抽压混合式通风方法以减少漏风。

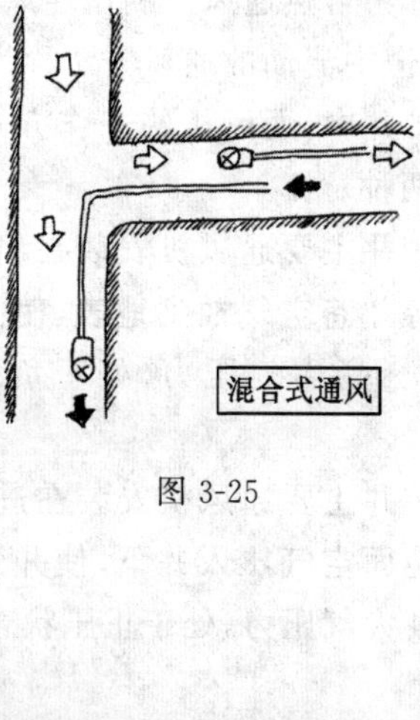


图 3-25

（二）矿井通风设施

在矿井生产中，为了保证风流按设计的路线流动，在灾变时期仍能维持正常通风或便于进行风流、风量调节，而在通风系统中设置的一系列构筑物，称为通风设施。它们的作用是控制井下风流方向，保证采掘工作面及其他用风地点的有效风量，防止采空区和旧巷中的有害气体涌入矿井风流，保证矿井安全。

矿井通风设施按其作用不同分为三类：

1. 引导风流设施

让风流沿给定的通路流动的设施叫做引导风流设施。主要有风桥（图 3-26）、风硐、反风装置及掘进通风中的风筒等。这些设施设在井巷的进、回风交叉处，能使进、回风流互不干扰。

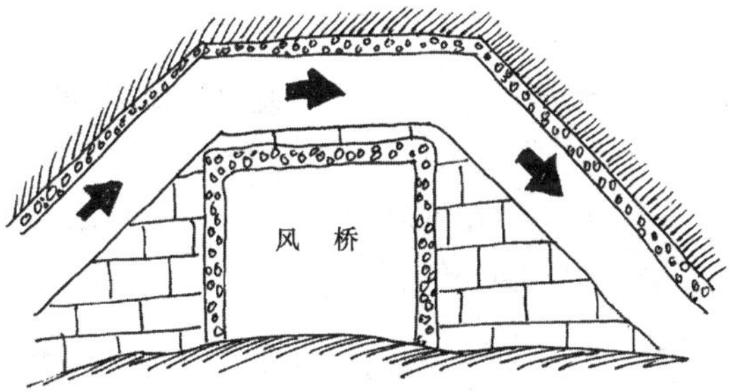


图 3-26

2. 隔断风流设施

阻挡风流不让其通过的设施叫做隔断风流设施。主要有风墙、风门（图 3-27）等。

风墙又叫“密闭”，它是为隔断风流而在巷道中设置的隔墙。凡是不运输、不行人，又需隔断风流的巷道都应设风墙，还可以用它密闭采空区、灾区和废弃的旧巷等。风门是在需要人员和车辆通过的巷道中设置的用于隔断风流的门。为了防止人员或车辆通过时造成风流短路，在同一巷道中应设两道风门。同一巷道中的

图 3-27

两道风门严禁同时打开。在有列车通过的巷道中,两道风门间的距离需大于一列车的长度,以防列车通过时两道风门同时打开。

3. 调节风流设施

控制和调节巷道中风量大小的设施叫做调节风流设施。主要是调节风门,就是在普通风门上或风门框上部开一个小窗口(风窗),窗口上装一块可以滑动调节的木板,用缩小或开大窗口来达到调节风量的目的(图 3-28)。

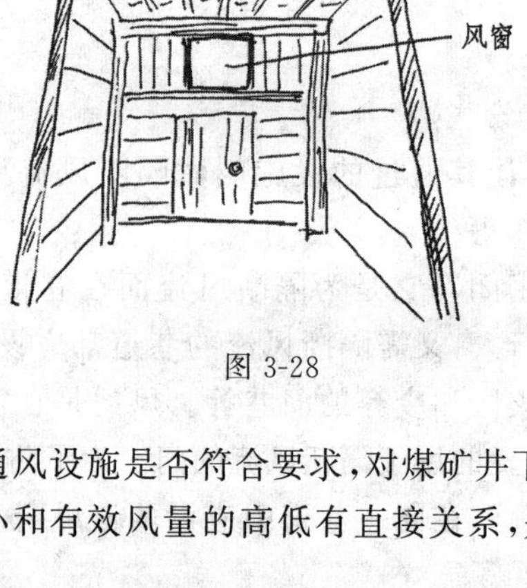


图 3-28

煤矿井下通风设施是否符合要求,对煤矿井下通风状态好坏、矿井漏风量大小和有效风量的高低有直接关系,是影响煤矿安全生产、提高矿井经济效益的重要因素。如果通风设施的质量不符合要求，或管理使用不当，则可能造成部分用风地点风量不足甚至无风，或向采空区及密闭区漏风，可能造成人员窒息、火区复燃、瓦斯爆炸等严重事故。因此，所有职工都应努力保持井下的正常通风，爱护矿井通风设施。生产中应注意：

（1）不经通风部门批准，任何人不准随便损坏和拆除通风设施，否则将导致井下风流混乱。

（2）每次通过风门，一定要随手把风门关好，切不可把邻近的两道风门同时打开，否则将影响井下正常通风。

（3）调节风门上的风窗木板，不可随意拨动，否则将影响井下风量的正确分配。

（4）井下栅栏、警示牌、瓦斯记录牌、测风站等为通风辅助设施，任何人不得随意拆毁、摘除、涂改或变更位置等(图 3-29)。

图 3-29

（5）如发现通风设施有损坏现象，应向有关部门或领导报告，以便及时修复。

**【案例3-2】** 1998年1月24日,辽宁某煤矿发生特大瓦斯爆炸事故,死亡78人,伤7人,直接经济损失704.39万元。这起事故的直接原因是:2102工作面上山设置的两道临时调节风门,一道风门处于开启状态,另一道风门经常开启,造成上山风流短路,工作面风量大量减少,支架顶部冒落区内瓦斯积聚,达到爆炸浓度界限,遇工作面支架顶部煤层自然发火产生的高温火点引起瓦斯爆炸。

## 第五节 矿井运输安全

### 一、矿井提升运输系统

矿井提升运输系统由采区运输、水平大巷运输及井筒提升三个基本环节构成,如图3-30所示。

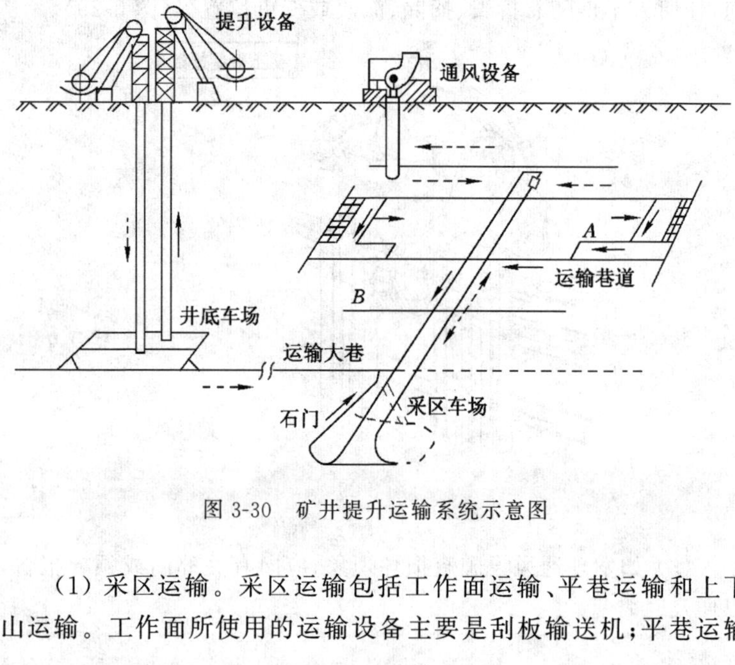


图3-30 矿井提升运输系统示意图

(1)采区运输。采区运输包括工作面运输、平巷运输和上下山运输。工作面所使用的运输设备主要是刮板输送机;平巷运输和集中巷运输主要是采用带式输送机，在地方小煤矿的平巷中仍使用刮板输送机运输；采区上下山运输目前普遍采用带式输送机运输原煤，轨道绞车串车运送设备、材料、矸石等。

(2) 水平大巷运输。水平大巷运输主要采用电机车运输，有些大型矿井也用带式输送机输送原煤。煤矿使用的电机车主要有架线式和蓄电池式两类。

(3) 井筒提升。按照开拓方式不同，矿井井筒提升分立井提升和斜井提升两种。立井提升采用绞车，提升容器有罐笼、箕斗、吊桶等；斜井提升多数采用绞车，提升容器有串车和箕斗等；大型矿井斜井开拓的原煤提升采用斜井带式输送机。

## 二、提升容器运行安全

立井中升降人员，应使用罐笼或带乘人间的箕斗。在井筒内作业或因其他原因，需要使用普通箕斗或救急罐笼升降人员时，必须遵守有关规定。专为升降人员和升降人员与物料的罐笼（包括有乘人间的箕斗）应符合下列要求：

(1) 乘人层顶部应设置可以打开的铁盖或铁门，两侧装设扶手。

(2) 罐底必须满铺钢板，如果需要设孔时，必须设置牢固可靠的门；两侧用钢板挡严，并不得有孔。

(3) 进出口必须装设罐门或罐帘，高度不得小于 1.2 m。罐门或罐帘下部边缘至罐底的距离不得超过 250 mm，罐帘横杆的间距不得大于 200 mm。罐门不得向外开，门轴必须防脱。

(4) 提升矿车的罐笼内必须装有阻车器。

(5) 单层罐笼和多层罐笼的最上层净高（带弹簧的主拉杆除外）不得小于 1.9 m，其他各层净高不得小于 1.8 m。带弹簧的主拉杆必须设保护套筒。

(6) 罐笼内每人占有的有效面积应不小于 0.18 $m^2$。罐笼每层内 1 次能容纳的人数应明确规定。超过规定人数时，把钩工必须加以制止。

提升装置的最大载重量和最大载重差,应在井口公布,严禁超载和超载重差运行。箕斗提升必须采用定重装载。

升降人员或升降人员和物料的单绳提升罐笼、带乘人间的箕斗,必须装设可靠的防坠器。

检修人员站在罐笼或箕斗顶上工作时,必须遵守下列规定:

(1) 在罐笼或箕斗顶上,必须装设保险伞和栏杆。

(2) 必须佩戴保险带。

(3) 提升容器的速度,一般为 0.3~0.5 m/s,不得超过 2 m/s。

(4) 检修用信号必须安全可靠。

## 三、刮板输送机运行安全

刮板输送机因其机身高度小,便于装载,机身伸长或缩短方便,机体坚固,能用于爆破装煤工作面,运输能力不受货载的块度和湿度的影响等,在煤矿井下得到了广泛应用。常见刮板输送机运输事故有:保护不到位致使人员靠近时被转动部件绞伤;机头、机尾锚固不牢而突然被拉翘起,打伤或挤伤附近人员;违章乘坐输送机或在溜槽内行走被刮板链拉伤、打伤等。

保证刮板输送机运行安全的主要措施有:

(1) 各运转部位应设保护罩或防护栏杆,输送机的机尾应设盖板,以防人员误入机尾内。

(2) 刮板输送机运送材料时的取放顺序是:放料要顺刮板运行方向,先放前端,后放尾端,取料要先取尾端后取前端。

(3) 严禁任何人乘坐刮板输送机或在其上行走。

(4) 井下电钳工处理刮板输送机故障时,必须停电停机,并挂有“正在检修,不准送电”的牌子。

(5) 在刮板输送机长度范围内,安装声光信号或警铃,开机前先发信号,然后点动试车,待确认无问题后再正式运行。

## 四、带式输送机运行安全

由于带式输送机运输能力大、运距长、工作阻力小、耗电量少，而且运输过程中破碎性小，撒煤少，降低了煤尘和能耗，因而被广泛地应用于煤矿井下工作面平巷和集中运输巷。井下使用的带式输送机有普通绳架式、可伸缩式、嵌钢丝绳芯式和钢丝绳牵引式等几种类型。井下常见带式输送机事故有：人员违章乘坐、跨越带式输送机被拉伤、刮伤；运转中清理机头、机尾杂物，或清刮滚筒、托辊上的黏着物被卷入滚筒造成伤亡；检修时人员站在机头架上拉输送带，掉入驱动滚筒被挤伤等。

保证带式输送机运行安全的主要措施包括：

(1) 各运转部位要安设保护罩或保护栏杆。

(2) 在需要跨越处，必须设“过桥”。

(3) 运输机运行时，严禁用铁锹刮铲滚筒上的煤泥；清理带下积煤时，人员不得钻入带下。

(4) 严禁使用长柄工具拨正跑偏的带式输送机。

(5) 无明确规定时，带式运输机严禁乘人；在允许乘人时，必须严格按规定执行。

(6) 带式输送机开动前，要先点动试车，发出开机信号，待观察没有异常情况时，方可正式开机。

(7) 检修时必须先切断电源，停止运转，并挂“正在检修，不准送电”的牌子。

(8) 安装输送机时要做到平、直、稳，运转灵活，巷道两侧要有不少于 0.5 m 的宽度。

**【案例 3-3】** 2012 年 2 月 16 时 0 点 30 分，湖南省衡阳市耒阳市某煤矿发生一起重大运输事故，造成 15 人死亡、3 人重伤。该矿属瓦斯矿井。2 月 10 日该矿通过耒阳市煤炭局组织的节后复工验收（耒阳市政府规定先复工验收、后复产验收），允许开展井下巷道维修、设备维护等工作。初步分析，事故的直接原因是：该矿违规使用矿车在斜井(斜长 420 m,坡度 28°)运送人员,且运料车与乘人矿车混挂(4 节载人矿车在运行方向之前,4 节料车在后),运行中第 2 节与第 3 节料车连接绳套(用钢丝绳和绳卡子自制的绳套)拉脱,导致 2 节料车和 4 节载人矿车跑车。事故暴露出的直接问题有:一是严重违规使用矿车运送人员且与料车混挂;二是违规挂车 8 节(超规定);三是违规使用自制钢丝绳绳套替代连接装置,且井筒中未设置防跑车的挡车装置;四是串车未挂保险绳。

**五、井下电机车运输安全**

电机车运输是煤矿井下大巷运输环节普遍采用的运输方式,它运输能力大,运输物品范围广,机动性好。

常见电机车运输事故有:司机操作失误或巷道安全间隙不够、信号失灵等原因造成车辆撞人、轧人、挤人等;由于人员违章扒车、跳车,或上、下人车时不遵守安全规定,造成触电、摔伤等人身事故;车辆运行中,司机违章将头和身体伸出车外,造成人身伤害事故。

预防井下电机车事故的主要措施有:

(1) 轨道铺设质量和运输巷道两侧的安全间隙应严格按《煤矿安全规程》规定执行,并经常检查和及时处理运输线路上存在的安全隐患。

(2) 电机车司机必须经过培训,考核合格。

(3) 机车运行中,司机严禁将头和身体探出车外(图 3-31)。

(4) 定期检修机车和矿车,并经常检查,发现隐患,及时处理。

(5) 机车运输时,列车或单独机车都必须前有照明,后有红灯;正常运行时,机车必须在列车前端,同一区段轨道上不得行驶非机动车辆。如果需要行驶时,必须经井下运输调度站同意;两机车或两列车在同一轨道同一方向行驶时,必须保持不少于 100 m 的距离。

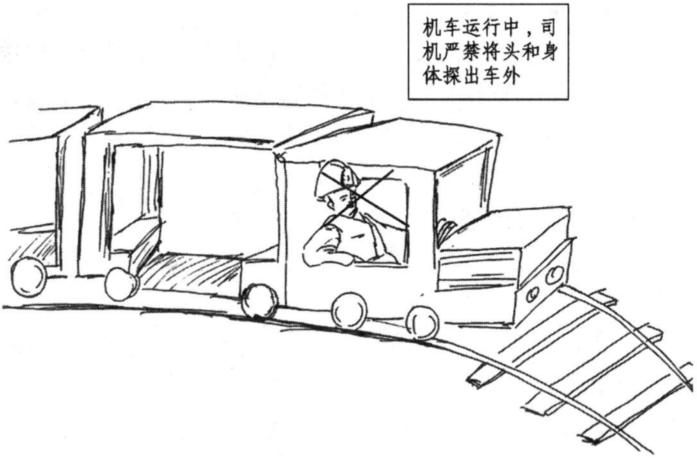


图 3-31

(6) 列车通过的风门,必须设有当列车通过时能够发出在风门两侧都能接受到声光信号的装置。

(7) 列车的制动距离每年至少测定 1 次。

(8) 电机车架空线的悬挂高度和悬挂质量应符合《煤矿安全规程》的规定。

(9) 人员在运输巷道中乘车或行走要严格执行安全规定;携带较长的金属物件要防止触及架空线;严禁在车辆运行中扒车、跳车。

(10) 用电机车运送人员时,乘人车场的各项安全设施应符合《煤矿安全规程》的规定,人员乘车必须听从工作人员指挥。

(11) 完善电机车运输系统的通信、调度管理工作,完善运输系统的安全设施。

(12) 车辆运送的设备、材料应摆放整齐,捆绑牢固,不准超高、超长、超宽。

## 六、井下斜巷运输安全

斜井及采区上下山、倾斜巷道的运输工作，除采用带式输送机运送原煤外，普遍采用绞车串车运输的方法。串车提升发生最多、危害最严重的事故是跑车事故，其主要原因有：

(1) 钢丝绳断裂引起跑车。

(2) 连接装置断裂引起跑车。

(3) 窜销或脱钩导致跑车。

(4) 人员误操作造成跑车。

(5) 绞车制动装置出现故障，制动力矩不足，也会发生因制动失效而跑车。

(6) 倾斜井巷安全防护设施不全或未按规定使用，导致跑车事故发生或使事故扩大而造成人员伤亡。

为预防斜巷跑车伤人事故，应积极采取如下预防措施：

(1) 严格贯彻执行"行车不行人，行人不行车"的规定(图3-32)。

图 3-32 斜巷串车提升规定

(2) 斜井串车提升严禁蹬钩、行人。

(3) 运送物料时,开车前把钩工必须检查牵引车数、各车的连接和装载情况。

(4) 每班都要对钢丝绳、钩头、车辆及车辆的连接装置、保险绳等进行认真检查,发现问题及时处理。

(5) 矿车与矿车间和矿车与钩头间的连接,都必须使用防脱装置。

(6) 绞车制动装置要灵活可靠,闸瓦间隙合适;司机操作时要防止发生松绳冲击;下放车辆必须给绞车送电,严禁不送电松闸放车。

(7) 绞车司机、信号工、把钩工要固定岗位,严格执行操作规程。

(8) 严格按照《煤矿安全规程》的规定在倾斜井巷内、上部平车场及各车场安设防跑车装置(阻车器、保险绳等)和跑车防护装置(挡车器或挡车栏),并严格管理,正确操作使用。

**【案例 3-4】** 2008 年 5 月 30 日 6 时 10 分,黑龙江牡丹江市穆棱市某煤矿一井工人违章进入运料车下井时,车辆发生跑车事故,造成 5 人死亡、1 人重伤、9 人轻伤。

**【案例 3-5】** 2008 年 7 月 21 日,湖南开元煤业有限公司某矿井主斜井发生一起断绳跑车事故,死亡 1 人。

导致事故发生的直接原因是提升钢丝绳不符合要求和未严格执行"开车不行人,行人不开车"的制度。首先,主井左道(副道)钢丝绳多处断丝,在 1 个捻距内断丝断面积与钢丝总断面积之比达到 22%;其次,水泵司机违反《煤矿安全规程》规定,在斜井开车时行人,被断绳跑车飞速而下的料石、矿车撞死;再者,安全挡行程位置调整不合理,物料刚下变坡点即开启,跑车时不能起到挡车作用;最后,安全责任制不落实,井口挂钩工超挂车辆,对主井绞车钢丝绳断丝的重大安全隐患未及时采取整改措施,违章作业等也是导致事故发生的重要原因。

## 第六节　矿井用电安全

煤矿电气事故不仅会影响矿井生产，而且会对矿井安全和工人生命安全构成严重威胁。煤矿井下用电不当，就会发生人身触电事故、电气火花引燃瓦斯导致瓦斯煤尘爆炸及引起火灾等恶性事故。

### 一、煤矿供电对电压等级的要求

（1）高压，不超过 10 000 V。

（2）低压，不超过 1 140 V。

（3）照明、信号、电话和手持式电气设备的供电额定电压，不超过 127 V。

（4）远距离控制线路的额定电压，不超过 36 V。

（5）采区电气设备使用 3 300 V 供电时，必须制定专门的安全措施。

### 二、井下用电的“三大保护”

井下电网的“三大保护”是指过电流保护、漏电保护和保护接地。

（1）过电流保护。凡是流过电气设备或电缆线路的电流值超过它们的额定电流值，即为过电流，简称过流。井下常用的过电流保护装置有熔断器、过电流继电器、限流热继电器等。

（2）漏电保护。井下电气设备或电缆因绝缘能力下降或局部绝缘损坏，使电流经绝缘损坏处流入大地或经外壳流入大地的现象，称为漏电。漏电会给人身、设备甚至矿井安全造成很大威胁。漏电保护就是当电网漏电电流超过设定值时，漏电保护开关自动切断电路或发出信号。

（3）保护接地。保护接地就是用导线把电气设备正常情况下不带电，但当绝缘损坏时可能带电的金属外壳与埋在地下的接地极连接起来的一种保护装置。各处的接地极、接地线、电缆的接地芯线等都是保护接地装置。

**三、井下用电的安全措施**

由于复杂的环境条件和多种不安全因素的作用，会使井下电气设备和电缆线路遭到各种各样的损坏。电气设备和电缆线路的损坏不仅影响生产的正常进行，而且可能造成严重的事故灾害。因此，煤矿井下必须采取管理和技术措施，保证用电安全。

（1）严禁井下配电变压器中性点直接接地；地面中性点直接接地的变压器或发电机严禁直接向井下供电。

（2）正确安装、使用电气设备，按规定对电气设备进行检查、维修和保养。

（3）严禁带电检修与搬迁电气设备（图 3-33）和电缆、电线，检修或搬迁前，必须先切断电源。

图 3-33

（4）严格执行停送电制度。停电必须有申请，经有关部门批准并办理操作票，方可进行停电。停电后，要检查瓦斯；严格执行“谁停电谁送电”制度，不许约时停送电和代替停送电。

(5) 井下低压电网要完善“三大保护”。

(6) 严格电工操作规程。井下供电系统必须做到:

① 三无——无“鸡爪子”、无“羊尾巴”、无明接头;

② 四有——有过流和漏电保护、有密封圈和挡板、有螺丝和弹簧垫、有接地装置;

③ 两齐——电缆悬挂整齐、设备硐室清洁整齐;

④ 三全——防护装置全、绝缘用具全、图纸资料全;

⑤ 三坚持——坚持使用检漏继电器、坚持使用煤电钻和信号照明综合保护、坚持使用局部通风机风电瓦斯闭锁。

(7) 正确选择电缆和敷设电缆,加强电缆管理,防止井下电缆发生事故。

(8) 加强电气安全管理。要建立健全管理机构,认真落实各项管理制度,严格对防爆设备、“三大保护”、煤电钻综合保护装置、局部通风机风电瓦斯闭锁、电缆的敷设和运行情况及安全防护设施等进行全面监督检查,对电气事故隐患及时处理。

**四、井下用电“十不准”**

(1) 不准甩掉无压释放和过电流保护。

(2) 不准甩掉漏电继电器、煤电钻综合保护和局部通风机风电瓦斯闭锁。

(3) 不准带电检修。

(4) 不准用铜、铁丝代替保险丝。

(5) 不准明火操作、明火打点、明火爆破。

(6) 停风停电的采掘工作面,没有检查瓦斯不准送电。

(7) 有故障的电缆线路不准强行送电。

(8) 保护装置失灵的电气设备不准使用。

(9) 失爆电气设备和电器不准使用。

(10) 不准在井下敲打撞击、拆卸矿灯(图 3-34)。

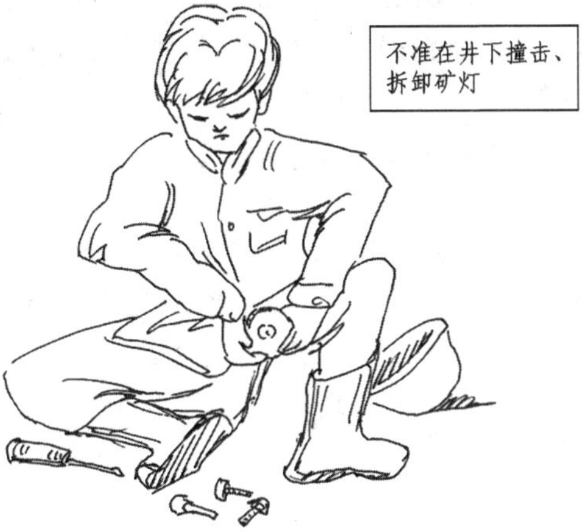


图 3-34

## 五、预防人身触电的措施

井下发生触电事故，一般原因是电气设备或电缆的安装、维修不当，以及工作中疏忽大意或违章操作，不执行有关安全用电措施和规定，不按要求使用绝缘用具等。

(1) 预防人身触电应采取的主要措施有：

① 防止人身接触或靠近带电导体，如架空线、操作手柄绝缘等。

② 降低使用电压，井下照明、信号、电话等设备的电压不超过 127 V，远距离控制系统的额定电压不超过 36 V。

③ 遵守各项安全用电作业制度。

(2) 人身触电的抢救。

① 尽快使触电者脱离电源。如果触电者所触及的带电体的电源开关就在附近，应立即断开电源开关；如果电源开关较远或一时找不到电源开关，则应用绝缘物将触电者与带电导体脱离开来。

② 对触电者进行现场急救。触电者脱离电源后,要立即在现场进行急救,急救方法根据触电人员的具体情况决定。

**【案例 3-6】** ××年 11 月 27 日,山西省大同市某煤矿井下因带电检修发生瓦斯煤尘爆炸事故,造成 110 人死亡,4 人下落不明。

该矿 $3^{\#}$ 煤层 11 号暗斜井 5 号贯眼回柱放顶,使采空区高浓度瓦斯不断漏入平巷。北平巷正、副巷间无隔风封闭墙,风流短路,巷内局部通风机无风筒,全巷处于无风、微风和循环风状态,在 6 号贯眼至工作面 35 m 处形成盲巷,造成瓦斯积聚。电工带电检修 QC80 型电磁启动器,电火花引爆瓦斯,进而扬起巷道积尘,使煤尘参与爆炸。

## 第七节　井下爆破安全

### 一、爆破器材安全管理

各种炸药、雷管、导火索、导爆索、非电导爆系统、起爆药和爆破剂都称为爆破器材。为了确保安全,使用爆破器材的单位要特别注意爆破器材的储存和保管工作。按照《爆破安全规程》的规定,井下应建立爆破器材库,并要有专人管理,不得任意存放,严禁将爆破器材分发给承包户或个人保存。严防炸药变质、自爆或被盗窃而导致重大事故。

### 二、井下爆破作业环境的管理

炸药爆炸后通常不可避免地产生 $CO$、$CO_2$、$NO$、$NO_2$ 等有毒有害气体,有时还可能产生 $H_2S$ 和 $SO_2$。这些气体将严重危害人体健康,主要预防措施有:

(1) 在爆破地点 20 m 范围内充分洒水,以便吸收、溶解爆破产生的部分有害气体和煤(岩)粉尘,净化空气。

(2) 爆破后,要加强通风。

(3) 只有在工作面的炮烟被吹散后，爆破人员方可进入工作面。

## 三、爆破操作规定

1. 装配起爆药卷的安全规定

(1) 必须在顶板完好、支架完整、避开电气设备和导电体的爆破工作地点附近进行。

(2) 必须严格防止电雷管受震动、冲击折断雷管脚线和损坏脚线绝缘层。

(3) 电雷管必须由药卷的顶部装入，严禁用电雷管代替竹、木棍扎眼。

(4) 电雷管插入药卷后，必须用脚线将药卷缠住，并将电雷管脚线末端扭结成短路。

2. 爆破母线和连接线的安全规定

(1) 煤矿井下爆破母线必须符合标准。

(2) 爆破母线和连接线、电雷管脚线和连接线、脚线和脚线之间的接头必须相互扭紧并悬挂，不得与轨道、金属管、金属网、钢丝绳、刮板输送机等导电体相接触。

(3) 巷道掘进时，爆破母线应随用随挂，不得使用固定爆破母线。特殊情况下，在采取安全措施后，可不受此限。

(4) 爆破母线与电缆、电线、信号线应分别挂在巷道的两侧。

(5) 只准采用绝缘母线单回路爆破。

(6) 爆破前，爆破母线必须扭结成短路。

## 四 、爆破事故的预防与处理

1. 早爆

(1) 产生早爆原因：

煤矿爆破过程中的早爆往往是由杂散电流或静电引起的。

(2) 杂散电流的防治：

① 尽量减少杂散电流的来源，特别要注意防止架线式电机车

牵引网路的漏电。

② 确保电爆网路的质量。

③ 采用抗杂散电流电雷管。

(3) 防治静电的措施:

① 接触爆破材料的人员穿棉布衣服,严禁穿化纤衣服;爆破材料要装在具有耐压和防冲撞、防震、防静电的非金属容器内。

② 预防机械产生的静电影响。

③ 采用抗静电电雷管。

2. 拒爆

(1) 产生拒爆的原因:

① 爆破材料质量差,使用了不合格的雷管和炸药。

② 电爆网路有问题。

③ 电源有问题。

④ 装药操作不当。

(2) 预防拒爆的措施:

① 经常检查发爆器具,保持其性能良好。

② 实行雷管测试和炸药检查验收制度,不合格的不领取。

③ 按《煤矿安全规程》有关装药的规定装药。

④ 做好爆破前的检查工作,尤其是对连接网路、发爆器和爆破母线进行认真检查。

(3) 拒爆的处理方法:

① 通电以后拒爆时,爆破工必须先取下把手或钥匙,并将爆破母线扭结成短路,再等一定时间(使用瞬发电雷管时,至少等 5 min;使用延期电雷管时,至少等 15 min),才可沿线路检查,找出拒爆的原因。

② 处理拒爆、残爆时,必须在班组长的指导下进行,并应在当班处理完毕。

3. 放空炮

(1) 放空炮的主要原因:

① 充填炮泥的质量不好。

② 炮眼的间距过大。

(2) 预防放空炮的方法:

① 充填炮眼的炮泥质量及充填长度要符合《煤矿安全规程》的规定。

② 炮眼的间距和孔深要合理,并根据煤、岩层硬度和炮眼的角度选择合适的装药量。

4. 炮烟熏人

炮烟就是爆破后产生的烟尘,它既包含炸药爆炸产生的气体,又包含爆炸产生的煤、岩粉尘。

预防炮烟熏人的措施:

① 不使用质量不合格或严重变质的炸药,并保证炮眼封泥的充填质量。

② 一次爆破的炸药量与通风能力相适应。

③ 掘进工作面加强通风管理,风筒出风口距工作面的距离要适当,确保爆破后能尽快排出炮烟,创造一个良好的工作场所。

④ 爆破后,在爆破地点 20 m 范围内要充分洒水,以便吸收、溶解爆破产生的部分有毒有害气体和煤、岩粉尘,掘进工作面要实行综合防尘。

**【案例 3-7】** 2009 年 5 月 16 日 2 时 15 分,山西大同矿务局某煤矿主立井工程(基建矿井)施工至 380 m 时发生炮烟窒息事故,现场有 17 人,送医院后,11 人抢救无效死亡,4 人重伤,2 人轻伤。

5. 爆破崩人

(1) 爆破崩人的原因:

① 爆破母线短,躲避处选择不当,造成飞煤、飞石伤人;

② 爆破时未执行《煤矿安全规程》中有关爆破警戒的规定，误伤进入爆破区的人员；

③ 处理瞎炮(拒爆)未按《煤矿安全规程》规定的程序和方法操作，致使瞎炮突响崩人；

④ 通电以后装药炮眼不响时，等候进入工作面的时间过短，或误认为是网路故障而提前进入，造成崩人；

⑤ 未能防止杂散电流，造成突然爆炸而伤人；

⑥ 爆破制度执行不严，工作混乱，往往发生在工作面有人工作时，另有他人用发爆器爆破，造成崩人。

(2) 爆破崩人的预防措施：

① 按《煤矿安全规程》和作业规程的规定，爆破母线要有足够的长度，躲避处的选择要能避开飞石、飞煤的袭击；

② 爆破时安全警戒必须执行《煤矿安全规程》规定；

③ 通电以后装药炮眼不响时，要等待一定的时间后方可沿线路检查，不能提前进入工作面，以免炮响崩人；

④ 采取防止杂散电流的措施，避免因杂散电流造成突然爆炸崩人。

6. 崩倒支架

(1) 爆破崩倒支架的原因：

① 支架不符合质量、规格要求，爆破前未经检查或检查后未认真加固；

② 爆破参数选择不当，炮眼布置不合理，爆破后有大块煤、矸抛掷方向偏离巷道中心线。

(2) 预防崩倒支架的措施：

① 加强支架架设质量管理，爆破前必须对不合格的支架进行加固，顶梁与柱腿要用背板插严背实，角楔要打紧，相邻支架要用撑木撑紧或用拉条固定；

② 炮眼间距、角度、眼数、装药量要符合爆破图表的要求，不

合格的炮眼必须重打，否则不能装药爆破。

7. 爆破引爆(燃)瓦斯和煤尘

(1) 爆破引爆(燃)瓦斯和煤尘的原因：

① 空气冲击波的发火作用；

② 炽热或燃烧的固体颗粒的发火作用；

③ 气态爆炸产物的发火作用。

(2) 防止爆破引爆(燃)瓦斯和煤尘的措施：

① 在掘进工作面爆破作业中，加强通风管理和瓦斯监测，防止瓦斯积聚，当爆破地点附近 20 m 以内风流中瓦斯浓度达到 1% 时，禁止爆破；

② 要正确选择炮眼深度、炮眼抵抗线及炮泥堵塞长度和质量，并按规定操作，防止爆破火焰引起瓦斯、煤尘爆炸；

③ 有瓦斯或煤尘爆炸危险的煤层中，采掘工作面都必须使用取得产品许可证的煤矿许用炸药，并应按危险程度选用相应安全等级的煤矿炸药；

④ 采取综合防尘措施。

**【案例 3-8】** 2008 年 7 月 1 日上午 11 时 16 分，陕投集团控股神木某煤矿 42102 综采工作面进行强制爆破作业时，导致烟尘(主要是一氧化碳气体)扩散，28 名井下作业人员被困，经全力抢救，仍有 18 人遇难，其余 10 人受伤。据调查，该煤矿在安全管理、事故报告等方面制度不健全，存在较为严重的漏洞，尤其是在通风条件不完善的情况下，仍进行爆破作业，导致此次事故的发生。

# 思　考　题

1. 煤层有哪些产状要素？

2. 以井筒形式为主要依据，矿井开拓方式可分为哪几种？

3. 矿井水平巷道有哪几种？

4. 矿井主要倾斜巷道有哪几种?
5. 当前常用的采煤工艺有哪几种?
6. 煤矿典型的通风方式有哪几种?
7. 井巷支护的典型方式有哪几种?
8. 综采工作面有哪些主要设备?
9. 煤矿井下有害气体主要有哪些?
10. 矿井提升运输系统由哪些环节构成?
11. 井下带式输送机运输的主要防护措施有哪些?
12. 井下发生斜井跑车伤人事故的主要原因有哪些?
13. 预防触电事故的措施有哪些?
14. 什么是井下低压供电的"三大保护"?
15. 井下爆破事故主要有哪几类?

# 第四章　矿井灾害防治

## 第一节　矿井瓦斯灾害防治

### 一、煤矿瓦斯概述

1. 瓦斯的性质

矿井瓦斯的主要成分一般是甲烷和其他有害气体(硫化氢、二氧化碳、氮气和水汽以及微量的惰性气体,如氦和氩等)。

瓦斯与空气适量混合后具有燃烧爆炸性,所以瓦斯灾害是矿井主要灾害之一。

2. 瓦斯的来源

煤矿井下的瓦斯来自煤层和煤系地层,是在成煤和煤的变质过程中所伴生的气体。

3. 涌出形式

瓦斯从煤、岩层涌出的形式有:

(1) 缓慢、均匀、持久地从煤、岩暴露面和采落的煤炭中涌出,是矿内瓦斯的经常来源。

(2) 在压力状态下的瓦斯,大量、迅速地从裂隙中喷出,即瓦斯喷出。

(3) 短时间内煤、岩与瓦斯一起突然由煤层或岩层内喷出,即煤、岩和瓦斯突出。

单位时间涌出的瓦斯量称绝对瓦斯涌出量($m^3/min$);平均日产一吨煤涌出的瓦斯量称相对瓦斯涌出量($m^3/t$)。

4. 矿井瓦斯等级划分

2016 年 10 月 1 日起实施的《煤矿安全规程》规定，根据矿井相对瓦斯涌出量、矿井绝对瓦斯涌出量、工作面绝对瓦斯涌出量和瓦斯涌出形式，矿井瓦斯等级划分为低瓦斯矿井、高瓦斯矿井和突出矿井(图 4-1)。

图 4-1

## 二、瓦斯爆炸事故

1. 瓦斯爆炸概述

瓦斯爆炸产生的高温高压，促使爆源附近的气体以极大的速度向外冲击，造成人员伤亡，破坏巷道和器材设施，扬起大量煤尘并使之参与爆炸，产生更大的破坏力。另外，爆炸后生成大量的有害气体，造成人员中毒死亡。防止瓦斯积聚的基本方法是以足够的风量将瓦斯冲淡，排出地面；当瓦斯涌出量很大时，还须采取专门措施控制瓦斯的涌出，最有效而广泛使用的方法是用管道将瓦斯抽到地面。

2. 瓦斯爆炸条件

瓦斯爆炸的条件是：一定浓度的瓦斯、高温火源的存在和充足的氧气(图 4-2)。

图 4-2

(1) 瓦斯浓度。瓦斯爆炸的浓度界限为 5%～16%。当瓦斯浓度低于 5%时，瓦斯遇火不爆炸，但能在火焰外围形成燃烧层；当瓦斯浓度为 9.5%时，其爆炸威力最大(氧和瓦斯完全反应)；瓦斯浓度在 16%以上时，其失去爆炸性，但在空气中遇火仍会燃烧。

(2) 引火温度。瓦斯的引火温度，即点燃瓦斯的最低温度。一般认为，瓦斯的引火温度为 650～750 ℃。

高温火源的存在，是引起瓦斯爆炸的必要条件之一。井下抽烟、电气火花、违章爆破、煤炭自燃、明火作业等都易引起瓦斯爆炸。

(3) 氧的浓度。实践证明，空气中的氧气浓度降低时，瓦斯爆炸界限随之缩小，当氧气浓度减小到 12%以下时，瓦斯混合气体即失去爆炸性。这一性质对井下密闭的火区有很大影响，在密闭的火区内往往积存有大量瓦斯，且有火源存在，但因氧的浓度低，并不会发生爆炸。如果有新鲜空气进入,氧气浓度达到12%以上,就可能发生爆炸。因此,对火区应严加管理,在启封火区时更应格外慎重,必须在火熄灭后才能启封。

**【案例4-1】** 2013年3月29日,吉林省吉煤集团通化矿业集团公司八宝煤业公司发生特别重大瓦斯爆炸事故,造成36人遇难,12人受伤。2013年4月1日,该矿不执行吉林省人民政府禁止人员下井作业的指令,擅自违规安排人员入井施工密闭,10时12分又发生瓦斯爆炸事故,造成17人死亡、8人受伤。事故的直接原因为:八宝煤矿忽视防灭火管理工作,措施严重不落实,—4164东水采工作面上区段采空区漏风,煤炭自燃发火,引起采空区瓦斯爆炸,爆炸产生的冲击波和大量有毒有害气体造成人员伤亡。

3. 预防措施

(1) 防止瓦斯积聚。

① 加强通风。用通风的方法将各种有害气体浓度冲淡到《煤矿安全规程》规定的安全标准以下,这是目前防止有害气体危害的主要措施之一。

② 加强对有害气体的检查。按照规定的检查制度,采用合理的检查方法和手段,及时发现存在的隐患和问题,采取有效措施进行处理。

③ 及时处理局部瓦斯积聚。采煤工作面上隅角、顶板冒落空洞内和局部通风机送风达不到或不够量的掘进工作面等处容易积聚瓦斯。一旦出现,必须立即处理。

④ 瓦斯抽放。对煤层或围岩中存在的大量高浓度瓦斯,可以采用抽放的方法加以解决,既可以减少井下瓦斯涌出,减轻通风压力,抽到地面的瓦斯还能加以利用。

(2) 控制火源。

① 消灭电气失爆。严格采用防爆电气设备,并及时进行检查。

② 杜绝非生产需要的火源，如井下严禁吸烟（图 4-3），禁止携带火柴、打火机等点火物品入井，禁止用明火照明等。

图 4-3

③ 对生产中不可避免的高温热源，采取专门措施严加控制，如只准使用特制的矿用安全炸药和电气设备。

④ 加强井下火区的管理，禁止井下拆开矿灯等。

（3）防止瓦斯事故扩大。

一旦井下某工作面发生瓦斯爆炸，应把其限制在尽可能小的范围内，使损失降到最低程度。具体措施主要有分区通风和设置防、隔爆设施，目前主要使用岩粉棚、水袋棚、水帘、水幕等设施。

（4）安设瓦斯监控装备。

配备足够数量专职瓦斯检查工加强检查，配备矿井瓦斯在线监测系统自动连续检查工作地点的 $CH_4$ 浓度和通风状况。

**【案例 4-2】** 2014 年 7 月 5 日，新疆大黄山豫新煤业有限责任公司一号井发生重大瓦斯爆炸事故，造成 17 人死亡、3 人重伤。该矿为国有股份制企业，核定生产能力 100 万吨/年，为煤与瓦斯突出矿井。事故原因是：该矿在＋708 采煤工作面密闭火区未熄灭情况下，盲目决定缩小封闭范围。在违规打开原密闭、施工压缩密闭过程中，新鲜风流进入封闭区域，氧气和瓦斯浓度达到爆炸界限，遇采空区明火，发生瓦斯爆炸。

## 三、煤与瓦斯突出事故

1. 事故概述

煤与瓦斯突出是指在压力作用下，破碎的煤与瓦斯从煤体内突然向采掘空间大量喷出，是另一种类型的瓦斯特殊涌出的现象。它具有极大的破坏性。每次突出前都有预兆出现，但出现预兆的种类和时间是不同的，熟悉和掌握预兆，对于及时撤出人员、减少伤亡具有重要的意义。

**【案例 4-3】** 2014 年 3 月 21 日，河南省平煤神马集团长虹矿业公司发生重大煤与瓦斯突出事故，造成 13 人死亡。该矿为煤与瓦斯突出矿井，事故前二 1 煤层—21010 机巷掘进工作面出现了喷孔、顶钻等突出预兆，但矿方未及时采取有效防突措施消除突出危险性，在工人修棚打穿杆作业过程中诱发煤与瓦斯突出。事故暴露出该矿防突措施不落实、现场管理混乱、突出危险性鉴定失实等问题。

2. 煤与瓦斯突出预兆

煤与瓦斯突出的预兆分为无声预兆和有声预兆两类。

(1) 无声预兆：① 煤层结构变化，层理紊乱，煤层由硬变软、由薄变厚，倾角由小变大，煤由湿变干，光泽暗淡，煤层顶、底板出现断裂，煤岩严重破坏等。② 工作面煤体和支架压力增大，煤壁外鼓、掉渣、煤块迸出等。③ 瓦斯增大或忽小忽大，煤尘增多。

(2) 有声预兆：煤爆声、闷雷声、深部岩石或煤层的破裂声、支柱折断等。

3. 煤与瓦斯突出的预防措施

突出矿井应当根据实际状况和条件，制定区域综合防突措施和局部综合防突措施。

区域防突措施是指在突出煤层进行采掘前，对突出煤层的较大范围采取的防突措施。区域防突措施包括开采保护层和预抽煤层瓦斯两类。开采保护层分为开采上保护层和下保护层两种方式。预抽煤层瓦斯可采用的方式有地面预抽煤层瓦斯、井下穿层钻孔预抽煤层瓦斯和顺层钻孔预抽煤层瓦斯等。

局部综合防突措施包括预震动爆破、水力冲孔、金属骨架、煤体固化、注水湿润煤体或其他经试验证实有效的防突措施。

## 第二节　矿尘防治

### 一、矿尘概述

矿尘是指在矿山生产过程中产生的并能长时间悬浮于空气中的矿石与岩石的细微颗粒，也称粉尘。矿山生产过程中，凿岩、爆破、装运、破碎等作业都产生大量的矿尘。

### 二、矿尘危害

矿尘具有很大的危害性，表现在以下几个方面。

(1) 污染工作场所，危害人体健康，引起职业病。工人长期吸入矿尘后，轻者会患呼吸道炎症、皮肤病，重者会患尘肺病。由尘肺病引发的矿工致残和死亡人数在国内外都十分惊人的。

(2) 某些矿尘(如煤尘、硫化尘)在一定条件下可以爆炸。煤尘能够在完全没有瓦斯存在的情况下爆炸。对于瓦斯矿井，煤尘则有可能与瓦斯同时爆炸。

(3) 加速机械磨损，缩短精密仪器的使用寿命。

(4) 降低工作场所能见度，增加工伤事故的发生。工作面能见度极低，往往会导致误操作，造成人员意外伤亡。

### 三、煤尘爆炸

1. 概述

煤尘爆炸是煤在加工过程中产生的煤尘弥漫在空气中，当煤尘浓度达到一定值时，遇火花等明火发生爆炸的现象。煤尘爆炸同瓦斯爆炸一样都是矿井中的重大灾害事故。

2. 煤尘爆炸的特征

(1) 形成高温、高压冲击波。煤尘爆炸火焰温度为 1 600～1 900 ℃，爆源的温度达到 2 000 ℃以上，这是煤尘爆炸得以自动传播的条件之一。

(2) 具有连续性。由于煤尘爆炸具有很高的冲击波速，能将巷道中落尘扬起，甚至使煤体破碎形成新的煤尘，导致新的爆炸，有时可如此反复多次，形成连续爆炸，这是煤尘爆炸的重要特征。

(3) 感应期。煤尘爆炸有一个感应期，即煤尘受热分解产生足够数量的可燃气体形成爆炸所需的时间。

(4) 产生大量的 CO。煤尘爆炸时产生的 CO，煤尘爆炸事故中大多数受害者(70%～80%)是由于 CO 中毒造成的。

3. 煤尘爆炸的条件

煤尘爆炸必须同时具备以下四个条件(图 4-4)：

图 4-4

(1) 煤尘的爆炸性。煤尘具有爆炸性是煤尘爆炸的必要条件,煤尘是否具有爆炸危险性必须经过试验确定。

(2) 悬浮煤尘的浓度。井下空气中只有悬浮的煤尘达到一定浓度时,才可能引起爆炸。爆破、爆炸和其他振动冲击都能使大量落尘飞扬,在短时间内使浮尘量增加,达到爆炸浓度。因此,确定煤尘爆炸浓度时,必须考虑落尘这一因素。

(3) 高温热源。我国煤尘爆炸的引燃温度在 610～1 050 ℃之间,一般为 700～800 ℃。这样的温度条件,几乎一切火源均可达到,如爆破火焰、电气火花、机械摩擦火花、瓦斯燃烧或爆炸、井下火灾等。

(4) 足够的氧气含量。空气中氧气含量不低于 18%才会发生煤尘爆炸。

**四、预防煤尘爆炸的措施**

预防煤尘爆炸的技术措施可分为:防尘措施、防爆措施和隔爆措施三个方面。

1. 防尘措施

防尘措施包括减少生产过程中煤尘的产生量和使已生成的浮游煤尘迅速沉降以减少煤尘飞扬两个方面。具体措施主要有:

(1) 煤层注水。这是采煤工作面的一种有效的防尘措施,煤尘减少量可达 60%～90%。

(2) 采空区灌水。在开采近距离煤层群的上组煤或分层开采厚煤层的上分层时,向采空区灌水,使水在自重作用下通过能渗水的夹石层或人工假顶及煤体裂隙,渗入下部煤体。这样可降低下部煤体开采过程中煤尘的生成量。

(3) 湿式打眼与水炮泥。湿式打眼比干打眼的浮游煤尘浓度平均下降 90%以上。水炮泥是一种特制的装满水后可以自行封闭的塑料袋。水炮泥可代替部分泥土炮泥充填于炮眼内。爆破时借助于爆炸压力,使水散成雾状,起到降温、净化空气等作用。

(4) 采掘机械的喷雾降尘。采掘机械必须装设内、外喷雾降尘装置,生产中必须喷雾降尘。

(5) 井下运输及各转载点洒水降尘(图 4-5)。

图 4-5

(6) 水幕净化。在巷道顶部横向敷设水管并间隔地安设喷嘴,使喷嘴喷出的水雾能布满巷道全断面。当含尘空气通过时,大部分粉尘被喷出的水湿润而沉降下来,达到净化风流减少浮尘的目的。

(7) 对井下巷道定期清扫或冲刷。通过对巷道的清扫或冲刷可把沉积在巷道四周和支架及设备表面的煤尘清扫或冲刷下来,再集中清走,也可用石灰水对巷道顶帮进行刷浆。这些都是减少沉积煤尘的有效方法。

(8) 通风除尘。从防尘的角度出发,通风的目的在于稀释和排出工作地点的浮尘。

(9) 个体防护。个体防护的主要工具是防尘口罩。

2. 防爆措施

防止煤尘爆炸主要是杜绝井下一切高温火源。另外，对井下巷道易积聚煤尘的地方进行洒水和撒布岩粉，增加煤尘中的不燃成分，也可抑制或隔绝煤尘的爆炸。

3. 隔爆措施

煤矿生产情况复杂，要完全消灭煤尘爆炸的因素是不容易的。因此，必须考虑到，一旦发生爆炸，应设法把爆炸限制在一定范围内，尽量减少灾害的损失。限制煤尘爆炸扩大的措施即为隔爆措施，主要是在井下适当地点设置岩粉棚和水槽棚。

**【案例 4-4】** 2014 年 11 月 26 日，阜新矿业集团恒大煤业有限责任公司 5336 综放工作面发生一起重大煤尘爆燃事故，共造成 28 人死亡，50 人受伤。事故原因是：5336 综放工作面 72＃～76＃支架处在处理片冒的大块煤岩体时，违章放“糊炮”爆破大块煤岩，扬起的煤尘达到爆燃浓度，放炮引起煤尘爆燃。

## 第三节　矿井火灾防治

### 一、矿井火灾概述

凡是发生在井下或地面威胁矿井安全生产，造成损失的非控制燃烧均称为矿井火灾。

矿井火灾按起因不同可分为外因火灾和内因火灾两大类。外因火灾是因外来热源引起的火灾，如由井下明火、爆破、电火花或电弧、机械摩擦发热着火、瓦斯或煤尘爆炸等引起的火灾。内因火灾又称自燃火灾，是煤破碎后与空气中的氧接触，氧化生热，热量积聚导致煤层自燃引起火灾。据统计，我国煤矿的矿井火灾有约 90％为内因火灾。

### 二、矿井火灾危害

(1) 产生大量有害气体。

(2) 产生高温。火灾发生时,会产生大量高温气体、热辐射,不仅会使人员直接被烧伤,还可引燃附近可燃物,使火灾范围迅速扩大。

(3) 引起瓦斯、煤尘爆炸。矿井火灾不仅提供了瓦斯、煤尘爆炸的热源,而且由于火的干馏作用,使井下可燃物(煤、木材等)放出氢气和其他多种碳氢化合物等爆炸性气体。因此,火灾会引起瓦斯、煤尘爆炸,进一步扩大灾情。

(4) 烧毁设备和煤炭资源。

**【案例 4-5】** 2011 年 7 月 6 日,山东省枣庄市薛城区防备煤矿发生重大火灾事故,造成 28 人死亡。经初步分析,事故的原因是:井下运输下山底部车场空气压缩机着火,引燃钢棚背帮材料及煤体等可燃物,产生大量有毒有害气体,导致人员被困。这起事故暴露出该矿存在井下空气压缩机使用和管理不到位、井下防灭火工作不落实等严重问题;在发生重大险情时没有及时撤出作业人员,造成大量人员被困。

(5) 使井下风流逆转。矿井火灾发生后,高温浓烟流经区域的空气发生变化,温度升高,井巷中产生火风压。火风压一方面使矿井总风量发生变化,另一方面还能使局部地区风流方向发生变化,出现风流逆转,造成通风系统紊乱,扩大灾害范围,增大事故损失和灭火救灾的困难。

**三、外因火灾的防治**

外因火灾的形成必须同时具备三个基本条件:一定温度和足够热量的热源,一定数量的可燃物,足够的氧气。因此,要预防外因火灾的发生,只要破坏其中一个或两个基本条件即可。根据《煤矿安全规程》的有关规定,其主要措施如下。

1. 加强明火管理

(1) 禁止一切人员携带烟草及点火工具下井。

(2) 井口房和通风机房附近 20 m 范围内,不得有烟火或用火炉取暖(图 4-6)。

图 4-6

(3) 严禁采用可燃材料搭建临时操作间、休息室。

(4) 加强爆破管理,使用安全炸药,禁止违章爆破,避免爆破火焰产生。

(5) 井下按规定使用不延燃电缆、阻燃输送带和阻燃风筒等。

(6) 正确选择和合理使用电气设备,防止电火花、电弧造成事故。

(7) 做好机械运转部分的维护保养工作,防止因摩擦发热引发火灾。

2. 加强可燃物管理

(1) 井下使用的汽油、煤油和变压器油必须装入盖严的铁桶内,由专人押运送至使用地点,剩余的汽油、煤油和变压器油必须运回地面,严禁在井下存放(图 4-7)。

(2) 井下使用的润滑油、棉纱、布头和纸等,必须存放在盖严的铁桶内,并由专人定期送到地面处理。

图 4-7

（3）严禁将剩油、废油泼洒在井巷或硐室内。

3. 完善安全设施

（1）生产和在建矿井必须制定井上、下防火措施和制度，且必须符合国家有关防火的规定。

（2）木料场、矸石山、炉灰场距离进风井不得小于 80 m，木料场距离矸石山不得小于 50 m。

（3）矿井必须设地面消防水池和井下消防管路系统。

（4）进风井口应装设防火铁门。

（5）完善井下供电系统的过负荷、短路、漏电等保护装置，并坚持正确使用。完善带式输送机的防跑偏、防打滑、过负荷等综合保护系统，安装火灾监测报警系统。

4. 加强消防器材管理

（1）矿井必须在井上、下设置消防材料库。

（2）井下关键硐室、巷道和采掘工作面应备有灭火器材，其数量、规格和存放地点，应在灾害预防和处理计划中确定。

(3) 井下工作人员必须熟悉灭火器材的使用方法，并熟悉本职工作区域内消防器材的存放地点。

**四、内因火灾的防治**

煤的自燃必须具有三个要素，即煤层本身有自燃倾向性、有不断适量供应的氧气和有散热不良使热量得以积聚的条件，三个要素缺一不可。其中第一个要素是煤自燃的内因，决定于煤层自身的性质，后两个因素是煤自燃的外因，是可以人为控制的。据此，可以采取以下措施预防内因火灾。

1. 正确选择开拓、开采方法

开采有自燃危险的煤层，特别是厚煤层，在考虑开拓、开采方法时，必须要求尽量少切割煤体，回采率高，回采速度快，采用合理的顶板管理方法，易于隔绝采空区，减少向采空区漏风和便于注浆等。

2. 加强自然发火的早期识别和预报

煤自燃有一定的发展过程和规律，同时伴有不同的外部征兆。凭借人体的直接感觉和一定的检测手段可以及早发现煤层自燃，这对于阻止自燃的发展，避免内因火灾十分重要。

3. 加强通风管理

煤炭自燃的条件之一是有足够的氧气，因此应加强井下通风管理，尽量减少对采空区及废弃巷道的漏风量，阻断氧气供应。

4. 预防性灌浆

预防性灌浆就是将水和不燃性固体材料按一定的比例配制成适当浓度的浆液，通过一定的管路系统将其灌进采空区等可能发生煤炭自燃的地点。预防性灌浆可以隔绝氧气与煤的接触、减少漏风、防止氧化，冷却已自燃的煤炭、降低采空区温度，防止自燃火灾的形成。

5. 阻化剂防火

阻化剂防火是将具有阻止煤炭氧化和防止煤炭自燃作用的无

机盐类物质的溶液，采用喷洒、压注或雾化的方法送入采空区等可能发生自燃或已经发生自燃的区域，起到阻止煤炭氧化、降低煤炭温度、防止自燃火灾的作用。

6. 其他措施

煤矿井下预防煤炭自燃火灾的措施还有：凝胶防火、惰性气体防灭火、均压防灭火等。

**五、矿井灭火**

《煤矿安全规程》第二百七十五条规定：任何人发现井下火灾时，应视火灾性质、灾区通风和瓦斯情况，立即采取一切可能的方法直接灭火，控制火势，并迅速报告矿调度室。矿调度室在接到井下火灾报告后，应立即按灾害预防和处理计划通知有关人员组织抢救灾区人员和实施灭火工作。

扑灭矿井火灾的方法有直接灭火法、隔绝灭火法和综合灭火法三种。

1. 直接灭火法

直接灭火法就是用水、沙子、岩粉和化学灭火器（图 4-8）等在火源附近把火扑灭或者挖除火源。直接灭火一般是在火灾初期，火区范围不大，瓦斯、煤尘等其他新发事故危险性不高且具备灭火

图 4-8

条件的情况下，在火源附近直接扑灭火灾或挖除火源。

2. 隔绝灭火法

当井下火灾不能用直接灭火法扑灭时，必须迅速将火区封闭，在通向火区的所有巷道中构筑防火墙(图 4-9)，切断风流，切断氧气供给，经过一定时间以后，氧气消耗殆尽，火灾不能维持，自然熄灭。

图 4-9

3. 综合灭火法

综合灭火法是当火源范围大，利用直接灭火或隔绝灭火法难以扑灭时，可先用防火墙将火区封闭，然后再采取其他手段，如向密闭墙内灌水、注浆、注入惰性气体、调节风压等，使火区内的火加速熄灭。

**【案例 4-6】** 2015 年 11 月 20 日，黑龙江省龙煤集团杏花煤矿发生重大火灾事故，造成 21 人遇难、1 人下落不明。杏花煤矿核定生产能力 200 万 t/a，采用立井多水平开拓，为高瓦斯矿井。事故发生在东一采区皮带道，皮带机型号DTC120/50/3×400，皮带面宽1.2 m、长度1 100 m，坡度22°。经初步分析，事故的直接原因是：皮带道皮带着火，有毒有害气体沿风流进入30#层左四采煤工作面，造成该工作面作业人员中毒窒息死亡。事故暴露出的主要问题：一是现场安全管理薄弱。检修人员没有按规定对该皮带机进行定期维护保养、更换托辊，造成皮带跑偏、洒货严重。二是安全隐患治理不到位。皮带道出现底鼓、片帮等问题后，没有及时修理，给安全生产带来了隐患。三是法律意识淡薄。事故发生后，没有依法及时报告，迟报近9个小时。

## 第四节　矿井水灾防治

矿井在建设和生产过程中，地面水和地下水通过各种通道涌入矿井，当矿井涌水超过正常排水能力时，就会造成矿井水灾。矿井水灾（通常称为透水），是煤矿常见的主要灾害之一。一旦发生透水，不但影响矿井正常生产，而且有时还会造成人员伤亡，淹没矿井和采区，危害十分严重。

### 一、矿井水

在煤矿生产建设过程中，流入井筒、巷道、硐室和采掘工作面的水统称为矿井水。

(1) 地表水源。地表水源主要有降雨和下雪，以及地表上的江河、湖泊、沼泽、水库和洼地积水等。它们在一定条件下都可能通过各种通道进入矿井形成水害，同时还可能成为地下水的补给水源。

(2) 老窑水。废弃的小煤窑、旧井巷和采空区的积水叫做老窑水。老窑水一般静压大，积水多时，常带出大量有害气体，危害性很大。

(3) 含水层水。煤系地层中的流砂层、砂岩层、砾岩层等，有丰富的裂隙可以积存水。

(4) 断层水。在断层面上往往形成松散的破碎带,具有裂隙和孔洞,里面常有积水。

(5) 岩溶陷落柱水。石灰岩层长期受地下水侵蚀、形成溶洞。由于重力作用和地壳运动,上部的煤(岩)失去平衡而垮落,使煤系地层形成陷落柱,柱内常有积存水。

(6) 钻孔水。在进行煤田地质勘探时打的钻孔,如果封闭不良,孔内常有积存水。

## 二、地面水引起的矿井水灾

矿井附近有江河、湖泊、池塘、水库、沟渠等积水,以及季节性雨水时,当水位暴涨,超过矿井井口标高而涌入井下,或由裂隙、断层或塌陷区渗入井下造成水灾。

## 三、地下水引起的矿井水灾

地下水造成水灾的情况,一般有以下几种。

(1) 地下的砾岩层、流砂层和具有岩溶的石灰岩层,都含有大量积水,称为含水层。当采掘工作接近或穿透这种积水区时,就会造成透水事故。

(2) 断层及其附近的岩层均比较破碎,在这种破碎带内有时含水或与地表水、含水层沟通,掘进时,碰到这种情况容易造成突水事故。

## 四、矿井透水预兆

井下发生透水前一般都会出现一些预兆。矿井透水前的预兆主要有以下几点。

(1) 空气变冷。当采掘工作面接近积水区时,气温会骤然下降,煤壁发凉,变得潮湿发暗,人一进去有阴冷的感觉。

(2) 出现雾气。井下空气中含有大量水蒸气,湿度较大,遇到低温,水蒸气便冷凝成雾气。

(3) 挂汗。当采掘工作面接近积水区时,水在自身压力下,通过煤、岩裂隙,在煤、岩壁上聚成许多水珠,叫挂汗。采掘时应注意观察煤、岩壁的新鲜面,若潮湿、挂汗,则属透水预兆。

(4) 挂红。煤壁上浸出的水发涩,有硫化氢臭味,附着在裂隙表面有暗红色氧化铁锈,这是接近老空积水的预兆。

(5) 有水叫声。地下的高压水向煤岩裂缝强烈挤压时与两壁摩擦而发出"嘶嘶"响声。煤巷掘进听到此声,已离积水区很近。

(6) 顶板出现异常。如果水体在顶板上方,由于水体压力作用,使顶板来压,出现裂缝和淋水,而且淋水越来越大,煤壁片帮、掉渣,这是很快就要突水的征兆。

(7) 底板出现异常。如果水体在底板下面,水量大而压力高,就会出现底板鼓起,产生裂隙,出现渗水,有时会出现压力水喷射出来。

(8) 工作面有害气体增加。老空积水中往往含有有害气体,采掘工作面接近老空积水时,空气中的瓦斯、二氧化碳、硫化氢等气体就有可能增加。

(9) 水色发浑,有臭味。老空水一般发红、味涩,断层水一般发黄、味甜,溶洞水常有臭味。

(10) 裂隙出现渗水。水清说明离积水区尚远,若出现浑浊则离积水区已很近。

《煤矿安全规程》规定:采掘工作面或其他地点发现有挂红、挂汗、空气变冷、出现雾气、水叫、顶板淋水加大、顶板来压、底板鼓起或产生裂隙出现渗水、水色发浑、有臭味等突水预兆时,应当停止作业,采取措施,撤出所有受水威胁地点的人员,报告矿调度室(图 4-10),并发出警报。

**五、水害防治原则**

矿井防治水工作应当坚持"预测预报,有疑必探,先探后掘,先治后采"的十六字原则,该原则科学地概括了水害防治工作的基本程序。

图 4-10

（1）“预测预报”是水害防治的基础，是指在查清矿井水文地质条件的基础上，运用先进的水害预测预报理论和方法，对矿井水害作出科学的分析判断和评价。

（2）“有疑必探”是根据水害预测预报评价结论，对可能构成水害威胁的区域，采用物探、化探和钻探等综合探测技术手段，查明或排除水害（图 4-11）。

（3）“先探后掘”是指先综合探查，确定巷道掘进没有水害威胁后再掘进施工。

（4）“先治后采”是指根据查明的水害情况，采取有针对性的治理措施排除水害隐患后，再安排采掘工程。

**六、水害防治综合措施**

《煤矿防治水规定》要求防治水工作须采取“防、堵、疏、排、截”的综合治理措施。

（1）防水

图 4-11

在地面构筑一些防水工程，以减少涌入矿井的涌水量，或合理进行矿井开拓与开采布置，为煤层开采创造安全有利的条件。根据《煤矿安全规程》规定，预留一定宽度的防隔水煤(岩)柱，使采掘工作面与地下水源或通道保持一定距离，以防止地下水涌入采掘工作面。

(2) 堵水

堵水是指采用局部注浆的方式对涌水进行封堵的防治水方法，即将水泥浆或化学浆通过专门钻孔注入岩层空隙，浆液在裂隙中扩散时胶结硬化，起到加固煤系地层和堵隔水源的作用。

(3) 疏水

疏水是利用钻孔疏排地下水，有计划、有步骤地降低含水层的水位和水压，使地下水局部疏干，为煤层开采创造必要的安全条件。

(4) 排水

排水是指通过排水系统把地下水汇集到井下水仓中，由此集中排出井外。它也是指矿井采掘工作面采用钻探方法，由专业人员和专职探放水队伍进行探放水施工，把探出的地下水排放出来，消除隐患。

(5) 截水

截水是指采用筑挡方式对涌水进行堵截的一种防治水方法。井下截水的主要措施包括构筑水闸墙和水闸门。水闸门设置在发生涌水时需要截水而平时仍需运输、行人的井下巷道内，它是整个矿井的重要截水工程。地面也可以采取对地表河流、洪水的截流治理。

**【案例 4-7】** 2015 年 4 月 19 日，山西省同煤集团地煤公司姜家湾煤矿 8446 采煤工作面发生透水事故，造成 21 人死亡。事故的直接原因是：8446 采煤工作面自开切眼向前推进 42m 后，老顶来压，顶板垮落，与上部采空区积水导通，涌入采煤工作面和相邻的两个掘进工作面。

## 第五节　矿井顶板灾害防治

冒顶事故是指在井下采掘过程中，因为顶板意外冒落造成的人员伤亡、设备损坏、影响生产等事故(图 4-12)。

### 一、冒顶事故的分类

按冒顶地点不同可将冒顶事故分为采煤工作面冒顶和巷道冒顶两类。按冒顶的规模分为局部冒顶和大面积冒顶。

### 二、采煤工作面冒顶事故的预兆及防治

1. 采煤工作面冒顶的预兆

(1) 掉渣，顶板破裂严重。

(2) 煤体压酥，煤壁片帮增多。

(3) 裂缝变大，顶板裂隙增多。

图 4-12

(4) 发出响声，岩层下沉断裂，如木支柱会发出劈裂声、金属支柱的活柱急速下缩发出的响声；或者采空区顶板断裂垮落时发出的闷雷声。

(5) 顶板出现离层，用“问顶”方式试探顶板，如顶板发出“咚咚”声，说明顶板岩层之间已经离层。

(6) 有淋水的采煤工作面，顶板淋水有明显增加。

(7) 在含瓦斯煤层中，瓦斯涌出量会突然增大。

(8) 破碎的伪顶或直接顶有时会因背顶不严或支架不牢出现漏顶现象。

2. 采煤工作面冒顶的预防措施

(1) 及时支护悬露顶板(图 4-13)，加强“敲帮问顶”。

(2) 炮采时炮眼布置及装药量要合适，避免崩倒支架。

(3) 尽量使工作面与煤层节理垂直或斜交以避免片帮，一旦片帮，应掏梁窝超前支护。

(4) 综采工作面采用长侧护板，整体顶梁、内伸缩式前梁，增

图 4-13

大支架向煤壁方向的推力，提高支架的初撑力。

(5) 采煤机移过后，及时伸出伸缩梁，及时接顶带压移架。

(6) 破碎直接顶范围较大时，可注入树脂类黏结剂固化，支护形式宜采用交错梁直线柱布置，必要时要支设贴帮柱。综采工作面宜选用掩护式液压自移支架。

3. 采煤工作面冒顶的处理

采煤工作面发生冒顶后，要立即查清原因、及时处理。处理采煤工作面冒顶的方法常用的有探板法、撞楔法、小巷法和绕道法等。

## 三、掘进巷道冒顶事故预兆及防治

当掘进巷道围岩应力较大、支架的支撑力不够时，就可能损坏支架，形成巷道冒顶。巷道冒顶事故多发生在掘进工作面及巷道交汇处。

1. 巷道冒顶事故的预兆

(1) 掉渣、漏顶。破碎的伪顶或直接顶有时会因背板不严和支架不牢固出现漏顶现象，造成空顶、支架松动而冒顶。

(2) 顶板有裂缝，裂缝迅速变宽、增多。

(3) 顶板发出响声。顶板压力急剧加大时，顶板岩层下沉，顶板内有岩层断裂的声响。

(4) 顶板出现离层，掘进面片帮次数明显增多。

(5) 有淋水的巷道顶板淋水量增加。

2. 掘进巷道冒顶事故的预防措施

(1) 根据岩石性质及有关规定，严格控制控顶距，严禁空顶作业(图 4-14)。

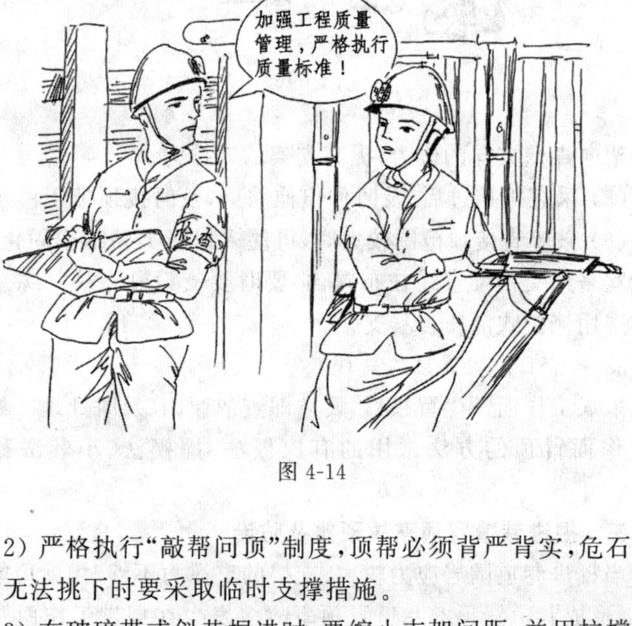


图 4-14

(2) 严格执行“敲帮问顶”制度，顶帮必须背严背实，危石必须挑下，无法挑下时要采取临时支撑措施。

(3) 在破碎带或斜巷掘进时，要缩小支架间距，并用拉撑件把支架连在一起，防止推垮。

(4) 支护失效替换支架时，必须先护顶，支好新支架，再拆老支架。

(5) 斜巷维修巷道顶梁时,必须停止行车,必要时制定安全措施。

3. 巷道冒顶事故的处理

(1) 先加固好冒落部位前后的支架,使用工字钢支架、U 型钢支架等支护的,根据压力情况加密支架间距。

(2) 支架要及时封顶,顶板要背严插实,防止冒顶范围扩大,可用撞楔法在冒顶区打入铁钎或小圆木,用竹笆或板皮背严。

(3) 清理冒落的煤矸,在无冒落危险情况下,尽快架好冒落部位的支架。

(4) 排好护顶木垛。

**【案例 4-8】** 2015 年 12 月 13 日,阳泉煤业(集团)平定裕泰煤业有限公司井下 15102 综采工作面发生一起顶板事故,造成 2 人死亡。

(1) 直接原因。现场作业人员在处理冒顶压在前部刮板输送机内的大块矸石时,液压支架前端上方的直接顶再次垮落,矸石滚入输送机内挤压作业人员,是造成本次事故的直接原因。

(2) 间接原因。

① 事故前一班 15102 综放工作面 12# 至 19# 支架上方支设的木支护不接顶、不可靠;事故当班安排作业人员处理冒落的矸石前未采取有效的安全防护措施,现场安全管理不到位,是造成事故的主要原因。

② 煤矿顶板隐患排查治理工作不到位,在安排施工队组到 15102 综放工作面维护顶板前未制定专项安全技术措施,是造成事故的主要原因。

③ 煤矿施工组织管理混乱,施工作业人员安全培训不到位,是造成事故的重要原因。

# 思 考 题

1. 煤层中瓦斯涌出的形式有哪些?
2. 瓦斯爆炸的条件是什么?
3. 预防瓦斯爆炸的主要措施有哪些?
4. 井下煤尘主要有哪些危害?
5. 煤尘爆炸有哪些条件?
6. 预防煤尘爆炸的措施有哪些?
7. 矿井火灾的危害有哪些?
8. 井下直接灭火有哪些注意事项?
9. 矿井透水有哪些预兆?
10. 井下水防治的一般原则是什么?
11. 采煤工作面冒顶的主要预防措施有哪些?

# 第五章　煤矿安全避险“六大系统”

《国务院关于进一步加强企业安全生产工作的通知》(国发〔2010〕23号)要求煤矿制定和实施生产技术装备标准,安装矿井监测监控系统、井下人员定位系统、井下紧急避险系统、矿井压风自救系统、矿井供水施救系统和矿井通信联络系统(即煤矿安全避险“六大系统”,见图5-1)等井下安全避险技术装备,并于3年内完成,逾期未安装的,依法暂扣安全生产许可证、生产许可证。煤矿安全避险“六大系统”是事关煤矿职工安全的生命工程和提高煤矿安全保障能力的基础工程,建立并完善煤矿井下安全避险“六大系统”是有效降低事故危害程度、防范遏制重特大事故发生的综合治理措施,是建设坚实的煤矿安全技术保障体系的重要内容。

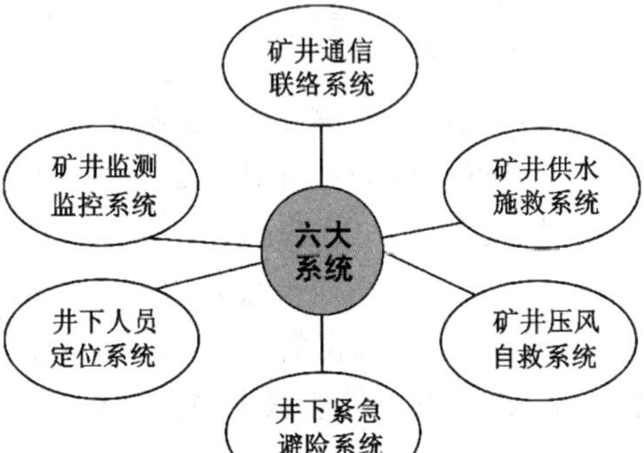


图 5-1

## 一、矿井监测监控系统

1. 矿井监测监控系统的组成

矿井监测监控系统由主机、传输接口、分站、传感器、断电控制器、声光报警器、电源箱、避雷器等设备组成。

2. 矿井监测监控系统的功能

矿井安全监控系统具有模拟量、开关量、累计量的采集、传输、存储、处理、显示、打印以及声光报警、控制等功能，用于监测甲烷浓度、一氧化碳浓度、风速、风压、温度、烟雾、馈电状态、风门状态、风筒状态、局部通风机开停、主通风机开停，并实现甲烷超限声光报警、断电和甲烷风电闭锁控制。

## 二、井下人员定位系统

1. 井下人员定位系统的组成

煤矿井下人员定位系统又称煤矿井下人员位置监测系统或煤矿井下作业人员管理系统。煤矿井下人员定位系统一般由识别卡、位置监测分站、电源箱(可与分站一体化)、传输接口、主机(含显示器)、系统软件、服务器、打印机、大屏幕、UPS电源、远程终端、网络接口、电缆和接线盒等组成。

2. 井下人员定位系统的功能

煤矿井下人员定位系统能够及时、准确地将井下各个区域的人员及设备的动态情况反映到地面计算机系统，使管理人员能够随时掌握井下人员、设备的分布状况和每个矿工的运动轨迹，以便于进行更加合理的调度管理。当事故发生时，救援人员也可根据井下人员及设备定位系统所提供的数据、图形，迅速了解有关人员的位置情况，及时采取相应的救援措施，提高应急救援工作的效率。

煤矿井下人员定位系统在遏制超定员生产、事故应急救援、领导下井带班管理、特种作业人员管理、井下作业人员考勤等方面发挥着重要作用。

## 三、井下紧急避险系统

1. 井下紧急避险系统的组成

井下紧急避险系统建设的内容包括为入井人员提供自救器、建设井下紧急避险设施、合理设置避灾路线、科学制订应急预案等。

井下紧急避险设施是指在井下发生灾害事故时，为无法及时撤离的遇险人员提供生命保障的密闭空间。井下紧急避险设施主要包括永久避难硐室、临时避难硐室和可移动式救生舱(图 5-2)。

图 5-2

所有煤与瓦斯突出矿井都应建设井下紧急避险设施。其他矿井在突发紧急情况时，凡井下人员在自救器额定防护时间内靠步行不能安全撤至地面的，应建设井下紧急避险设施。

(1) 永久避难硐室

永久避难硐室是指设置在井底车场、水平大巷、采区(盘区)避灾路线上，具有紧急避险功能的井下专用巷道、硐室，服务于整个矿井、水平或采区，服务年限一般不低于 5 年。

(2) 临时避难硐室

临时避难硐室是指设置在采掘区域或采区避灾路线上，具有紧急避险功能的井下专用巷道、硐室，主要服务于采掘工作面及其附近区域，服务年限一般不大于5年。

(3) 可移动式救生舱

可移动式救生舱是指通过牵引、吊装等方式实现移动，适应井下采掘作业地点变化要求的避险设施。

2. 井下紧急避险系统的功能

煤矿井下紧急避险系统能够在煤矿井下发生紧急情况时，为遇险人员安全避险提供生命保障。井下紧急避险设施对外能够抵御高温烟气，隔绝有毒有害气体，对内提供氧气、食物、水，去除有毒有害气体，创造生存基本条件，为应急救援创造条件、赢得时间。紧急避险设施应与矿井安全监测监控、人员定位、压风自救、供水施救、通信联络等系统相连接，形成井下整体性的安全避险系统。

**四、矿井通信联络系统**

1. 矿井通信联络系统的组成

矿井通信联络系统包括矿用调度通信系统、矿井广播通信系统、矿井移动通信系统和矿井救灾通信系统。煤矿应装备矿用调度通信系统，积极推广矿井广播通信系统和矿井移动通信系统。救护队应装备矿井救灾通信系统。

2. 矿井通信联络系统的功能

矿井通信联络系统是煤矿安全生产调度、安全避险和应急救援的工具。矿井通信联络系统可以满足日常通信联络与抢险救援双重任务，井上调度员能随时与通信系统内的任何一部电话建立联系，并可随时与上级主管部门建立联系。

**五、矿井压风自救系统**

1. 矿井压风自救系统的组成

矿井压风自救系统由空气压缩机、送气管路、阀门、汽水分离器、压风自救装置(包括减压、节流、消噪声、过滤、开关等部件及防护袋或面罩)组成。

2. 矿井压风自救系统

矿井压风自救系统能够利用煤矿重要动力设备——空气压缩机，在其为井下各种风动工具提供动力的同时，在发生煤与瓦斯突出事故或其他灾变情况时，通过该系统及装置及时向灾区人员提供新鲜空气，实现受灾害威胁人员安全自救。

**六、矿井供水施救系统**

1. 矿井供水施救系统的组成

矿井供水施救系统一般由清洁水源、供水管网、三通、阀门、过滤装置及监测供水管网系统等其他必要设备组成。

2. 供水施救系统的功能

(1) 防尘供水功能。

(2) 在各采掘作业地点、主要硐室等人员集中地点，在灾变期间能够实现应急供水、输送营养液功能。

(3) 过滤水源功能(在防尘供水管道与扩展饮用水管道衔接处或供水终端处增加过滤装置，使水源达到正常饮用水要求)。

(4) 管网异常(如水压异常、流量异常)报警功能。

(5) 水源，主干、分支水管管网的压力及流量等的监测功能。

**七、煤矿安全避险“六大系统”使用与维护**

煤矿应建立应急演练制度，科学确定避灾路线，编制应急预案，每年开展一次“六大系统”联合应急演练。

煤矿应加强系统设备日常维护，定期对各系统完好情况进行检查，定期进行调试、校正，及时升级、拓展系统功能和监控范围，确保设备性能完好，系统灵敏可靠。

## 思 考 题

1. 煤矿安全避险“六大系统”是什么？

2. 井下紧急避险设施有哪些？

# 第六章　职业病防治

## 第一节　职业病概述

### 一、职业危害因素

劳动者在劳动过程中因接触职业危害因素而对劳动者健康和劳动能力的侵害，称为职业危害。职业危害因素按其来源可分为三类。

1. 生产过程中的职业危害因素

生产过程中的职业危害因素主要有生产原料、中间产物、产品、生产设备、生产工艺中的工业毒物、粉尘、噪声、振动、高温、电离辐射和非电离辐射等。

此外，还包括与劳动有关的生理、心理因素以及环境因素等。

2. 劳动组织中的职业危害因素

劳动组织中的职业危害因素指因劳动组织不合理而产生的危害因素，如劳动时间过长、劳动强度过大、劳动制度不合理、长时间强迫体力劳动、作业安排与劳动者生理体态条件不相适应等造成长期过度疲劳、过度紧张，均可给劳动者健康造成损害。

3. 作业环境中的职业危害因素

作业环境中的职业危害因素主要是作业场所不符合卫生标准和要求或缺乏必要的防护设施，如缺乏通风、采暖、防尘、防毒、防噪声等设施或照明不良，阴暗潮湿，温度过高或过低等。

## 二、煤矿职业危害

影响煤矿职业危害的因素很多，既有粉尘和有害气体的危害，也有噪声和振动的危害，还有阴暗潮湿且高温的环境及放射性物质造成的危害等（图 6-1）。

图 6-1

1. 粉尘危害

粉尘危害是煤矿最主要的职业危害，由于生产环境及生产过程的特殊性，尘肺病是煤矿工人的多发病，是危害矿工特别是煤矿工人健康最严重的职业病。由于煤矿工人肺内吸入大量粉尘，导致肺组织不断纤维化，进而导致全身性疾病。

2. 有害气体危害

有害气体危害是煤矿生产的又一大职业危害，由于矿井空气中存在多种有毒有害气体，煤矿工人长期在这种环境中作业，就很容易造成急性或慢性中毒，其中以 CO、$H_2S$、$SO_2$、$CH_4$ 及氮氧化物等最为明显。对有害气体危害的预防，除加强通风外，还可以对有害气体采取预排放、加强监测监控和个体防护等。

3. 生产性噪声和振动的危害

生产性噪声和振动的危害主要来源于生产过程的机械化,其危害大小主要取决于生产过程、生产工艺及使用的工具。长期处于这种环境中,不仅可以导致人的一些感官反应迟钝,还容易引起情绪波动,更有甚者还可能使人患上振动综合症(又称振动病)或噪声性耳聋。所谓振动病是指煤矿工人在作业过程中长期接触生产性有害振动而引起的职业性疾病。振动病除引起肢体的血管、神经、肌肉和关节病变外,还可以引起全身性反应,根据引起振动病振动频率的高低、振幅大小和作用于人体的部位不同,可分为局部振动和全身振动。噪声性耳聋是由于工人长期在噪声环境下工作引起的听力器官功能障碍(听力下降或听力消失)。噪声对人体的不良作用是多方面的,除对听觉器官有严重的损害外,还可引起人的神经系统和其他系统及器官的改变,其症状主要表现为头晕、头痛、耳鸣、心悸、烦躁及工作能力降低等症状。

4. 不良气候条件

煤矿井下不良气候条件是气温高、湿度大,不同地点风速大小不等,温差大等,这些都对矿工的身体有很大的影响。如长期在潮湿环境下工作的人易患风湿性关节炎等。

5. 放射性物质

煤矿井下的氡气及其子体浓度往往比地面高,对矿工的健康有一定的影响。

此外,劳动强度大、作业姿势不良也是煤矿井下工作的特点,易造成矿工腰腿疼和各种外伤等。

**三、职业病概述**

职业病,是指企业、事业单位和个体经济组织(以下统称用人单位)的劳动者在职业活动中,因接触粉尘、放射性物质和其他有毒、有害物质等因素而引起的疾病。

要构成职业病,必须具备四个条件。

（1）患病主体是企业、事业单位或个体经济组织的劳动者。

（2）必须是在从事职业活动的过程中产生的。

（3）必须是因接触粉尘、放射性物质和其他有毒、有害物质等职业病危害因素引起的。

（4）必须是国家公布的职业病分类和目录所列的职业病。四个条件缺一不可。

职业病的种类按 2013 年 12 月 23 日开始施行的《职业病分类和目录》进行划分。

## 四、煤矿主要职业病

煤矿职业病主要有煤肺、矽肺、水泥肺等尘肺病。此外还有噪声引起的听力下降或耳聋、振动引起的疾患和高温引起的中暑等。煤矿井下发病人数最多，危害最大的职业病是尘肺病。目前，世界各国对尘肺病都没有特效治疗方法，唯一的办法就是预防。

## 五、煤矿职业禁忌征

### 1. 职业禁忌征的概念

职业禁忌征是指不宜从事某种作业的疾病或解剖、生理状态。在该状态下接触某些职业性危害因素时可导致下列情况。

（1）使原有疾病病情加重。

（2）诱发潜在疾病。

（3）影响后代健康。

（4）对某种职业危害因素易敏感，较易发生该种职业病。

### 2.《煤矿安全规程》对职业禁忌征的相关规定

（1）《煤矿安全规程》规定：有下列病症之一的，不得从事接尘作业。

① 活动性肺结核病及肺外结核病。

② 严重的上呼吸道或支气管疾病。

③ 显著影响肺功能的肺脏或胸膜病变。

④ 心、血管器质性疾病。

⑤ 经医疗鉴定，不适于从事粉尘作业的其他疾病。

(2)《煤矿安全规程》规定：有下列病症之一的，不得从事井下作业。

① 本规程职业病危害防治部分所列病症之一的。

② 风湿病(反复活动)。

③ 严重的皮肤病。

④ 经医疗鉴定，不适于从事井下工作的其他疾病。

(3)《煤矿安全规程》第六百六十八条规定：癫痫病和精神分裂症患者严禁从事煤矿生产作业。

(4)《煤矿安全规程》第六百六十九条规定：患有高血压、心脏病、高度近视等病症以及其他不适应高空(2 m 以上)作业者，不得从事高空作业。

## 第二节　煤矿尘肺病防治

### 一、尘肺病概述

当人肺部吸入矿尘以后，肺组织呈弥漫性纤维化增生，肺功能衰竭，也就是尘肺病(图 6-2)。吸入煤尘患煤肺，吸入岩尘患矽肺，吸入水泥患水泥肺。尘肺病的普遍症状是胸闷、胸痛、气短、咳嗽、全身无力，重者丧失劳动能力，甚至不能平卧，连睡觉都得采取跪姿，最后因肺功能衰竭，呼吸困难而死。尘肺病严重损害人体健康和缩短人的寿命。早期尘肺病症状轻微，一般仅在劳动、阴雨天、呼吸道感染时才出现明显的症状；晚期尘肺病症状加

图 6-2

重，而且呈持续性。

## 二、尘肺病的临床表现

尘肺病在初期没有任何症状，人体无任何感觉，一般在 15～20 年以后出现症状。

1. 尘肺病症状

尘肺病人的临床表现主要是以呼吸系统症状为主的咳嗽、咳痰、胸痛、呼吸困难四大症状，此外尚有喘息、咯血以及某些全身症状。

(1) 呼吸困难

呼吸困难是尘肺病最常见和最早发生的症状，且和病情的严重程度相关。

(2) 咳嗽

早期尘肺病人咳嗽多不明显，但随着病情的发展，病人多合并慢性支气管炎，晚期病人常易合并肺部感染，均使咳嗽明显加重。吸烟病人咳嗽较不吸烟者明显。

(3) 咳痰

煤工尘肺病人痰多为黑色，晚期病人可咳出大量黑色痰。

(4) 胸痛

胸痛是尘肺病人最常见的症状，病人或轻或重均有胸痛。

(5) 咯血

咯血较为少见，尘肺大咯血罕见。

(6) 其他

除上述呼吸系统症状外，可有程度不同的全身症状，常见的有消化功能减弱、胃痛、腹胀、便秘等。

## 三、预防煤矿尘肺病的措施

大量粉尘特别是含二氧化硅的粉尘吸入肺内，往往无法由呼吸道及时和完全清除。有时虽然病人当时没有表现出尘肺症状，但在脱离接尘工作后若干年也有可能出现尘肺。早期尘肺病患者即使脱离粉尘作业，病情也会继续发展，如无合并症，患者可存活较长时间，但常丧失劳动能力，且非常痛苦。尘肺病本身无法根治，因此关键在于预防。目前，预防尘肺病的措施主要有以下几个方面。

1. 减尘措施

主要指减少采、掘作业时的粉尘产生量，是矿井尘害防治工作中最为积极有效的技术措施。减尘措施主要包括：改进采、掘机械结构及其运行参数减尘，湿式打眼湿式凿岩，水封爆破，添加水炮泥爆破，改进采、掘机械结构，封闭尘源，采用捕尘罩以及预湿煤体减尘措施（如采空区或巷道灌水，煤层注水）等。减尘措施是以预防为主的治本性措施，应考虑优先采用。

2. 降尘措施

降尘措施是矿井综合防尘的重要环节，现行的降尘措施主要包括各产尘点的喷雾洒水，如采煤机上内、外喷雾，放炮喷雾，支架喷雾，应用降尘剂，泡沫除尘，装岩洒水及巷道净化水幕等。

3. 矿井通风排尘

矿井通风排尘是指借助风流稀释与排出矿进空气中的粉尘。

4. 个体防护

（1）个体防护的原则

个体防护是综合防尘中最后一道屏障，坚持正确使用防尘用品，终生可不得尘肺。此外，还应注意个人卫生，勤洗澡，勤换衣，不得将被粉尘污染的工作服带回家，注意生活规律，积极开展户外体育活动，加强身体锻炼，少吸烟喝酒，多摄入含蛋白质和维生素C的食物，如肉类、豆类、鸡蛋、新鲜蔬菜和水果等，增强个人体质。

（2）个体防护用品的选择

个体防护是对技术防尘措施的必要补救。工人防尘防护用品包括：防尘口罩、送风口罩、防尘眼镜、防尘安全帽、防尘服、防尘鞋等。

5. 卫生措施

凡有粉尘职业禁忌证者，均不宜参加接尘工作。

加强接尘作业工人的定期体检，包括X胸片，间隔时间根据接触二氧化硅含量和空气粉尘浓度而定。对结核菌素试验阴性者应接种疫苗；阳性者预防性抗结核化疗，以降低尘肺和并结核的发病率。对已患尘肺的工人，应采取综合措施，包括脱离粉尘作业，另行安排适当工作，加强营养和妥善的康复锻炼，以增强体质，预防呼吸道感染和合并症状的发生。

已经脱离粉尘作业的工人，也应根据接触粉尘的性质和浓度继续随访。尘肺患者复查一般每年一次，可疑尘肺患者需每年复查一次。

## 第三节　煤矿主要职业危害的防治

职业危害不仅可以引起职业病，而且还是许多事故的诱发因素。在煤矿生产过程中，我们必须加强职业危害的预防，要把职业危害预防工作和重大灾害事故预防工作提高到同等重要的层次，把"安全第一，以人为本"的理念贯穿到生产过程中的每一环节，确保从业人员身心健康和人身安全。

### 一、职业毒害的防治

接触有毒物质时间的长短、剂量大小、发病缓急，其中毒表现是不同的，有急性、亚急性、慢性三种。短时间内大量毒物侵入人体引起急性中毒；长时间吸入小剂量毒物引起慢性中毒；介于急性中毒和慢性中毒之间，在较短时间内吸入较大剂量毒物引起的中毒为亚急性中毒。职业毒害的防护措施有以下几种。

(1) 消除毒物。煤矿井下的有毒气体主要来源于炮烟和煤氧化、火灾等。因为很多有毒气体是能溶于水的，通过加强通风和喷雾洒水排除和降低有毒气含量，净化空气，是消除毒物危害的最根本、最有效的措施。

(2) 加强个人防护。炮烟未散去或作业现场空气质量太差时，不要急着进入工作面，待烟散尽、现场空气质量好转时再进入工作面。还应用好防护服、防护面具、防尘口罩、自救器等。

(3) 提高机体抗御能力。对于在有有害物质的场所作业的人员，给予必要的保健待遇，加强营养和锻炼。

(4) 加强对有害物质的监测。通过对有害物质的监测，掌握其浓度含量，做到心中有数，控制其危害程度。

(5) 对受到危害的人员及时进行健康检查，必要时实行转岗、换岗作业。

(6) 加强有害物质预防措施的宣传教育，建立健全安全生产责任制、卫生责任制和岗位责任制。

## 二、煤矿噪声危害防治

(1) 煤矿作业场所噪声危害判定标准

煤矿作业场所从业人员每天连续接触噪声时间达到或者超过 8 h 的，噪声声级限值为 85 dB；每天接触噪声时间不足 8 h 的，可根据实际接触噪声的时间，按照接触噪声时间减半、噪声声级限值增加 3 dB 的原则确定其声级限值，最高不得超过 115 dB。

(2) 噪声的监测

煤矿作业场所噪声每年至少监测 1 次；煤矿作业场所噪声的监测地点主要包括：风动凿岩机、风镐、局部通风机、煤电钻、乳化液泵站、采煤机、掘进机、带式输送机、运输车等地点。

(3) 噪声的防治

可采取以下措施控制噪声：

① 在通风机房室内墙壁、屋面敷设吸声体。

② 在压风机房设备进气口安装消声器，室内表面做吸声处理。

③ 对主井绞车房内表面进行吸声处理，局部设置隔声屏。

④ 在巷道掘进中使用液动凿岩机或凿岩台车。

⑤ 在采煤工作面使用双边链条刮板输送机。

## 三、振动危害的防治

生产过程中按振动作用于人体的方式可分为局部振动和全身振动，其主要危害体现在神经系统、心血管系统、肌肉系统、骨组织和听觉器官等方面。振动危害的主要预防措施包括如下几个方面（图 6-3）。

图 6-3

（1）对局部振动的减振措施。改造工艺和设备，改革工作制度；合理使用减振用品，建立合理的劳动制度；限制作业人员接触振动的时间。

（2）对全身振动的减振措施。在有可能产生较大振动的设备的周围设置隔离地沟，衬以橡胶、软木等减振材料，以确保振动不能外传；对振动源采取减振措施，如用弹簧等减振阻尼器，减少振动的传递距离。

（3）利用尼龙件代替金属件，可减少机器的振动。

（4）及时检修设备，可以防止因零件松动引起的振动。

## 四、高温危害的防治

随着开采深度的延伸，采掘工作面温度也不断升高，在高温条件下作业的人员，人体会产生一系列生理功能变化，产生不良影响甚至病变。井下高温作业的防护措施主要是采取降温、缩短工作时间和给予高温保健待遇等。

1. 煤矿高温的判断标准

煤矿生产矿井采掘工作面的空气温度不得超过 26 ℃，机电设备硐室的空气温度不得超过 30 ℃；当空气温度超过上述要求时，必须缩短超温地点工作人员的工作时间，并给予高温保健待遇。采掘工作面的空气温度超过 30 ℃、机电设备硐室的空气温度超过 34 ℃时，必须停止作业。

2. 煤矿高温的监测

进行高温监测时，作业场所无生产性热源的，选择 3 个测点，取平均值；存在生产性热源的，选择 3～5 个测点，取平均值。

常年从事高温作业的，选择在夏季最热月测量；不定期接触高温作业的，选择在工期内最热月测量；作业环境热源稳定时，每天测 3 次，取平均值。

3. 煤矿高温的防范措施

(1) 通风降温。风速与温度有一定的关系，合适的风速可使温度降到一定的程度。

(2) 喷雾洒水降温。在工作面喷雾洒水既可以降温又可以降尘。

(3) 保健防护。供给含盐饮料，以补充人体所需水分和盐分。

(4) 发放保健食品。在高温环境下作业，人体能量消耗快，应增加蛋白质、热量、维生素等的摄入，以减轻疲劳，提高工作效率(图 6-4)。

(5) 个人防护。给在高温条件下作业的工作人员提供结实、耐热、宽大、便于操作的工作服及相应的防护用具。

图 6-4

（6）医疗防护。对在高温条件下作业的人员进行就业体检，凡有心血管系统疾病、溃疡病、肺气肿、肝病、肾病等疾病、不宜从事高温作业的人员不安排其从事高温作业或调离高温作业岗位。

## 第四节　健康监护要求

### 一、职业病防治法

《职业病防治法》规定：对从事接触职业病危害的作业的劳动者，用人单位应当按照国务院卫生行政部门的规定组织上岗前、在岗期间和离岗时的职业健康检查，并将检查结果如实告知劳动者。职业健康检查费用由用人单位承担。

《职业病防治法》规定：用人单位应当为劳动者建立职业健康监护档案，并按照规定的期限妥善保存。

由此可见，进行职业病健康监护是法律赋予从业人员的权利。

## 二、职业健康检查的内容

1. 上岗前职业健康检查

对新录用、变更工作岗位或工作内容的劳动者在上岗前进行健康检查，特别是对该岗位接触职业危害因素作业可能影响人体健康的相关项目进行检查。依检查结果，评价劳动者上岗前的健康状况，鉴定是否有职业禁忌征。

2. 在岗期间职业健康检查

依劳动者所在工作岗位职业危害因素对健康的影响，选定重点检查项目，定期进行职业健康检查，动态观察劳动者的健康变化，结合作业场所职业危害因素监测和生物学监测结果，评价劳动者的健康变化是否与职业危害因素有关，及时发现疑似病患者，判断劳动者是否适合继续从事该工种作业或需进一步观察治疗(图 6-5)。

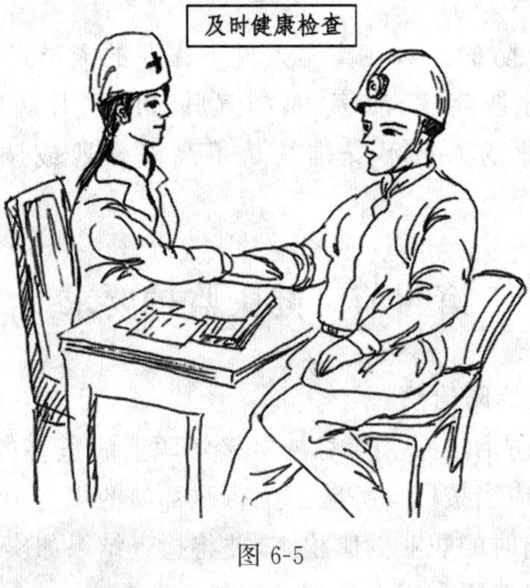


图 6-5

3. 离岗时职业健康检查

因某种原因，准备调离从事职业危害工种岗位的劳动者，根据其所在工种岗位环境存在的职业危害因素及其对劳动者健康的影响规律，选定重点检查项目进行检查，依检查结果评价劳动者的健康状况是否与职业危害因素有关，是否患职业病，以明确法律责任。

4. 离岗后医学随访

（1）如接触的职业病危害因素具有慢性健康影响，或发病有较长的潜伏期，在脱离接触后仍有可能发生职业病，需进行医学随访。

（2）尘肺病患者在离岗后需进行医学随访检查。

（3）随访时间的长短应根据有害因素致病的流行病学及临床特点、从业人员从事该作业的时间长短、工作场所有害因素的浓度等因素综合考虑确定。

5. 应急职业健康检查

当发生职业危害事故时，对伤残或可能患职业病的劳动者，及时组织并进行健康检查和医学观察。依检查结果发现危害因素，评价劳动者的健康危害程度并提出预防措施，控制职业危害的继续蔓延和发展。

**三、职业健康监护档案**

职业健康监护档案，是指用人单位对本企业从业人员从事本职业建立的一份个人职业健康监护登记卡片（健康卡片）。它是从业人员健康变化与职业病危害因素关系的客观记录，也是职业病诊断鉴定的重要依据之一。

1. 职业健康监护档案的内容

根据《用人单位职业健康监护监督管理办法》，用人单位应当建立从业人员个人职业健康监护档案和用人单位职业健康监护管理档案，并按照有关规定妥善保存。

（1）个人职业健康监护档案包括下列内容：

① 从业人员姓名、性别、年龄、籍贯、婚姻、文化程度、嗜好等情况；

② 从业人员职业史、既往病史和职业病危害接触史；

③ 历次职业健康检查结果及处理情况；

④ 职业病诊疗资料；

⑤ 需要存入职业健康监护档案的其他有关资料。

(2) 用人单位职业健康监护管理档案包括：

① 职业健康监护委托书；

② 职业健康检查结果报告和评价报告；

③ 职业病报告卡；

④ 用人单位对职业病患者、患有职业禁忌症者和已出现职业相关健康损害从业人员的处理和安置记录；

⑤ 用人单位在职业健康监护中提供的其他资料和职业健康检查机构记录整理的相关资料；

⑥ 卫生行政部门要求的其他资料。

2. 健康监护档案的管理

① 从业人员职业健康监护档案和用人单位职业健康监护管理档案，应有专人严格管理，并按规定妥善保存。

② 从业人员或者其近亲属、从业人员委托代理人、相关的卫生监督检查人员有权查阅、复印从业人员的职业健康监护档案，用人单位不得拒绝或者提供虚假档案材料。

③ 从业人员离开用人单位时，有权索取本人职业健康监护档案复印件，用人单位应当如实、无偿提供，并在所提供的复印件上签章。

**四、职业健康检查的方法**

(1) 煤矿企业对新入矿工人必须进行职业健康检查，并建立健康档案。

(2) 煤矿企业对接尘工人的职业健康检查必须拍照胸大片。

(3) 煤矿企业应按照国家法律、法规和卫生行政主管部门的规定定期对接触粉尘、毒物及有害物理因素等的作业人员进行职业健康检查。

(4) 煤矿企业职业健康检查的查体时间间隔必须符合下列

要求：

① 对在岗接触粉尘作业的工人，岩石掘进工种的工人每2～3年拍片检查1次；混合工种的工人每3～4年拍片检查1次；纯采煤工种的工人每4～5年拍片检查1次。

② 对离岗工人必须进行离岗的职业健康检查。

③ 对接触毒物、放射线的人员每年检查1次。

(5) 职业健康检查、职业病诊断、职业病治疗应由取得相应资格的职业卫生机构承担。

(6) 对Ⅰ期尘肺患者每年复查1次。对疑似尘肺患者($0^{+}$)、岩石掘进工种的工人每年拍片复查1次，混合工种的工人每2年拍片复查1次，纯采煤工种的工人每3年拍片复查1次。

## 第五节　煤矿从业人员职业病预防的权利和义务

煤矿从业人员依法享有职业病预防的权利，而且负有履行职业病防治的义务。

### 一、煤矿从业人员职业卫生保护的权利

1. 法定的相关权利

根据《职业病防治法》的有关规定，劳动者享有下列职业卫生保护权利：

(1) 获得职业卫生教育、培训；

(2) 获得职业健康检查、职业病诊疗、康复等职业病防治服务；

(3) 了解工作场所产生或者可能产生的职业病危害因素、危害后果和应当采取的职业病防护措施；

(4) 要求用人单位提供符合防治职业病要求的职业病防护设施和个人使用的职业病防护用品，改善工作条件；

(5) 对违反职业病防治法律、法规以及危及生命健康的行为提出批评、检举和控告;

(6) 拒绝违章指挥和强令进行没有职业病防护措施的作业;

(7) 参与用人单位职业卫生工作的民主管理,对职业病防治工作提出意见和建议。

(8) 索取本人职业健康监护档案复印件。

**二、煤矿从业人员职业病预防的义务**

(1) 劳动者应当学习和掌握相关的职业卫生知识,增强职业病防范意识。

(2) 遵守职业病防治法律、法规、规章和操作规程。

(3) 正确使用、维护职业病防护设备和个人使用的职业病防护用品。

(4) 发现职业病危害事故隐患应当及时报告。劳动者不履行前款规定义务的,用人单位应当对其进行教育。

**【案例 6-1】** 1997 年,胡某某到 A 煤矿做采煤工,2002 年 1 月 4 日,A 煤矿发生瓦斯爆炸造成胡某某等人受伤,胡某某治疗终结后即在家务农。2006 年 3 月,胡某某又到 B 煤矿做采煤工。2008 年 6 月 2 日,胡某某被重庆市职业病防治医院诊断为三期尘肺病,2008 年 9 月 8 日,垫江县劳动和社会保障局认定胡某某所患职业病为工伤,2008 年 10 月 12 日,垫江县劳动能力鉴定委员会鉴定胡某某为三级伤残。胡某某对 A 煤矿和 B 煤矿提起了诉讼。胡某某的三期尘肺病虽然是在 B 煤矿工作时确诊的,但是尘肺病的形成是多年的煤矿井下接尘工作造成的,是长年累积的结果,不是短时间能造成的,况且 A 煤矿也未提供证据证明胡某某的尘肺病与其无关。因此根据公平原则,胡某某的工伤待遇应由 B 煤矿和 A 煤矿按照胡某某在其单位工作的时间进行分担。法院判决,赔偿胡某某共计 213 752.51 元,由垫江县新民镇 B 煤矿支付 71 250.84 元,由垫江县新民镇 A 煤矿支付 142 501.67 元。

# 思　考　题

1. 煤矿职业危害有哪些？
2. 什么是职业病？
3. 煤矿主要职业病有哪些？
4. 什么是尘肺病？
5. 尘肺病的临床表现有哪些？
6.《煤矿安全规程》规定的职业禁忌征有哪些？
7. 简述煤矿噪声危害的特点和主要预防措施。
8. 简述煤矿高温危害的预防。
9. 职业健康监护的内容有哪些？
10. 劳动者享有的职业卫生保护权利有哪些？

# 第七章　事故应急处置与自救互救

## 第一节　煤矿伤亡事故及现场紧急处置

### 一、煤矿伤亡事故分类

煤矿伤亡事故的分类方法很多,一般按伤害程度、行业生产特点、统计属别等进行分类。

1. 按伤害程度和死亡人数分类

(1) 特别重大事故,是指造成30人以上死亡,或者100人以上重伤(包括急性工业中毒,下同),或者1亿元以上直接经济损失的事故;

(2) 重大事故,是指造成10人以上30人以下死亡,或者50人以上100人以下重伤,或者5 000万元以上1亿元以下直接经济损失的事故;

(3) 较大事故,是指造成3人以上10人以下死亡,或者10人以上50人以下重伤,或者1 000万元以上5 000万元以下直接经济损失的事故;

(4) 一般事故,是指造成3人以下死亡,或者10人以下重伤,或者1 000万元以下直接经济损失的事故。

上面四条中“以上”包括本数,所称的“以下”不包括本数。

2. 按行业生产特点分类

(1) 顶板事故:指冒顶、片帮、顶板掉矸、顶板支护垮倒、冲击地压、露天煤矿边坡滑移垮塌等。底板事故视为顶板事故。

（2）瓦斯事故：指瓦斯（煤尘）爆炸（燃烧）、煤（岩）与瓦斯突出、中毒、窒息。

（3）机电事故：指由机电设备（设施）造成的事故，包括运输设备在安装、检修、调试过程中发生的事故。

（4）运输事故：指运输设备（设施）在运行过程中发生的事故。

（5）爆破事故：指爆破崩人、触响瞎炮造成的事故。

（6）火灾事故：指煤与矸石自然发火及外因火灾造成的事故（煤层自燃未见明火并逸出有害气体导致中毒视为瓦斯事故）。

（7）水灾事故：指地表水、老空水、地质水、工业用水等造成的事故及透黄泥、流砂导致的事故。

（8）其他事故：以上七类事故以外的事故。

## 二、事故报告

事故发生以后，现场人员应尽量了解和判断事故的性质、地点和灾害程度，认真积极消灭或控制事故的同时，及时向矿调度室报告灾情，并迅速向可能受灾的人员发出警报。

（1）报告形式。就近用电话报告，一般井下各工作地点都有防爆电话。

（2）报告对象。首先应向矿调度室报告。矿调度室值班领导可根据灾情及时向上级汇报或组织人员抢救。若首先向本区队领导报告，往往会延误抢救时机。

（3）报告内容。报告内容包括事故性质、发生地点、影响范围、人员伤亡以及现场抢救、撤离情况。

（4）报告方法。沉着冷静地把话说清楚，要如实报告灾情，不能含混不清。若不清楚就说“不清楚”，弄清楚后再次汇报。

## 三、现场紧急处置

事故发生后，灾区内或受威胁区的人员，要迅速判断事故性质，利用现场条件，在保证安全的前提下采取措施，将事故消灭在初始阶段或最大限度地降低事故的危害程度。

（1）在消除事故灾害时，要保持统一指挥和组织，严禁冒险蛮干和单独行动。

（2）在抢救过程中，必须保证自身安全。

（3）在抢救伤员时，必须坚持“三先三后”的原则，即先救生还者，后救已死亡者；先救受伤较重者，后救受伤较轻者；对于窒息，心跳、呼吸停止，出血，骨折的伤员，先复苏、止血、固定，然后再搬运。

（4）采取各种措施，消除初始灾害，防止灾区情况恶化。

## 第二节　避灾方法

### 一、行动原则

1. 及时报告

发生灾情后，事故点附近的人员应尽量了解和判断事故的性质、地点和灾害程度，利用最近处的电话或其他方式迅速地向矿调度室汇报，并向事故可能波及的区域发出警报，使其他工作人员尽快知道灾情。

2. 积极抢救

根据灾情和现场条件，在保证自身安全的前提下，采取积极的方法和措施，及时进行现场抢救，将事故消灭在初始阶段或控制在最小范围。

3. 安全撤离

当受灾现场不具备事故抢救的条件，或抢救事故可能危及自身安全时，应按规定的避灾路线和当时的实际情况，尽量选择安全条件最好且距离最短的路线，迅速撤离危险区域。

4. 妥善避灾

在灾变现场无法撤退时，如矿井冒顶堵塞、火焰或有害气体浓度过高无法通过以及在自救器有效工作时间内不能到达安全地点时，应迅速进入预先筑好的或就近快速建造的临时避难硐室，妥善避灾,等待矿山救护队的救援(图 7-1)。在避灾时要注意给外面的救援人员留有信号标记。

图 7-1

## 二、避难硐室

避难硐室是矿井的重要安全设施,是发生事故后人员无法撤出灾区时的避难场所。如撤退路线被堵塞无法通过或在自救器有效工作时间内不能到达安全地点时,均应进入避难硐室避难。避难硐室可分为永久避难硐室和临时避难硐室两种。

1. 永久避难硐室

永久避难硐室预先设在井底车场附近或采区工作地点安全出口的路线上,距工作地点不能太远(即不能超过自救器的有效工作时间)。避难硐室的容积原则上应能容纳采区的全体人员。硐室内应备有供避灾人员呼吸用的供气装置(如压风自救装置)、通讯设备、自救器、药品、食物等。需要注意两个问题:一是硐室内的供气装置要有保障,即空气气源能长时间供气,遇险人员使用的呼吸装置要佩戴方便、迅速,呼吸自如舒畅。二是硐室内要存放一定数量的自救器，其防护时间要长一些（如 30 min 以上的化学氧和压缩氧自救器），确保遇险人员在条件允许时，佩戴自救器从避难硐室撤到安全地点或井上。

2. 临时避难硐室

临时避难硐室，是利用工作地点的独头巷道、硐室或两道风门之间的巷道，在事故发生后临时修建的。为此，应事先在上述地点准备所需的木板、木柱、黏土、沙子或砖等材料，在有压气条件下，还应装有带阀门的压气管。临时避难硐室修筑方便。正确地利用它，能对遇险人员发挥很好的救护作用。

3. 避难硐室内避难时的注意事项

（1）进入避难硐室前，应在硐室外留有衣物、矿灯等明显标志，以便救护队发现。

（2）待避时应保持安静，不急躁，尽量俯卧于巷道底部，以保持体力、减少氧气消耗，并避免吸入更多的有毒气体。

（3）硐室内只留一盏矿灯照明，其余矿灯全部关闭，以备再次撤退时使用。

（4）间断敲打铁器或岩石等以发出呼救信号。

（5）全体避灾人员要团结互助、坚定信心。

（6）被水堵在上山时，不要向下跑出探望。水被排走露出棚顶时，也不要急于出来以防止 $SO_2$、$H_2S$ 等气体中毒。

（7）看到救护人员后，不要过分激动，以防血管破裂。

（8）待避时间过长遇救后，不要过分进食，避免见到强光，以防损伤消化系统和眼睛。

**三、避灾路线**

避灾路线，就是矿井一旦发生事故后，人员的撤退路线。在制定矿井灾害预防和处理计划时，应预计到矿井存在的自然灾害因素及可能发生各种事故的地点、情况，从而规定一旦发生某种事故后人员的撤退路线。而且，撤退路线上的路标要明显，方向要标明，并使全矿人员熟悉掌握，使大家都知道何地发生何种事故后，人员从哪条路线上撤退是安全的(图 7-2)。

图 7-2

## 四、井下主要事故的自救互救

1. 瓦斯、煤尘爆炸事故的自救互救

瓦斯、煤尘爆炸的危害是极其严重的，不仅毁坏井巷和设备，更会危害矿工的生命安全。当矿井发生瓦斯、煤尘爆炸时，现场作业人员做好应急自救互救工作，是减少伤亡事故范围，实现煤矿安全生产的重要措施之一。

(1) 爆炸前的预兆。井下工作人员应了解和掌握瓦斯、煤尘爆炸的预兆，生产过程中一旦发现预兆现象，应立即沉着、冷静、迅速地采取应急自救互救措施。

(2) 背向空气颤动的方向，俯卧在地。现场作业人员听到爆炸声响或感觉到空气冲击波时，应立即背向空气颤动方向，俯卧在地，面部贴于地面，双手置于身体下面，闭上眼睛，以降低身体高度，减少受冲击面积，避开冲击波的强烈冲击，降低伤害的程度。

(3) 用衣物护好身体，避免烧伤。爆炸现场表明，凡是被工作服、手套、胶靴、安全帽等防护用品遮盖的部位，基本上都未烧伤，因此矿工在井下一定要正确佩戴劳动保护用品。

(4) 立即佩戴自救器。发生爆炸事故后，现场未遭受严重伤害的作业人员，应立即佩戴好自救器，迅速撤出受灾巷道，到达新鲜风流处。对于受伤较严重的作业人员，要协助其佩戴自救器，帮助其撤出危险区。如果来不及打开自救器，应立即趴在水沟边，暂停呼吸，将毛巾或衣物浸湿后捂住鼻孔和嘴巴，以防爆炸火焰和有害气体吸入肺部。

(5) 迅速撤离灾区。爆炸事故发生后，现场作业人员要佩戴好自救器，选择距离最近、安全可靠的避灾路线，迅速撤离灾区，到达新鲜空气处。

(6) 在安全地点妥善避灾待救。在爆炸事故发生后，如果往安全地点撤退的路线受阻，或者冒顶、积水使人难以通过时，不要强行跨越，应当迅速就近选择地点妥善避灾待救。

瓦斯、煤尘爆炸时的自救要点：

听到爆炸、冲击声，头脑清醒要镇静。
切莫乱跑与乱冲，立即趴下闭眼睛。
面部捂上湿毛巾，背朝声响和气浪。
双手隐蔽在身下，身体盖严防烧伤。
最好趴在水沟旁，坚固物体做屏障。
迅速戴好自救器，爆炸过后就逃离。
尽快进入新风巷，避灾路线要牢记。
无法逃离进硐室，堵好硐口防毒气。
硐口设置标记物，敲打呼救发信息。

2. 煤与瓦斯突出事故的自救互救

煤与瓦斯突出事故会给矿井和现场作业人员带来巨大灾难。

煤与瓦斯突出事故发生时会突出大量煤(岩),掩埋人员、设备,堵塞巷道,同时使井下作业现场大范围内充满高浓度瓦斯,造成人员缺氧窒息甚至死亡,还可能引起瓦斯燃烧或爆炸。发生煤与瓦斯突出时,突出的瓦斯一般沿风流方向流动,但大型突出时可逆风流向进风井方向流动,此时后果更严重。

(1) 立即撤离现场。井下现场作业人员要了解煤与瓦斯突出的一般规律,掌握突出的预兆;在现场根据以上知识,当出现突出预兆时,立即撤离现场,决不犹豫。

(2) 迅速佩戴隔离式自救器。

(3) 预防延期突出。现场作业人员必须做到:只要出现突出预兆必须立即撤退到安全地点,待确认不会发生突出后再返回现场进行作业。

(4) 安全撤退,妥善避灾。撤退安全距离与突出强度有关,要按照矿井防突措施的规定撤到安全地点。一般情况下,在大矿要撤到防突风门以外,在小矿最好撤到井上。

煤与瓦斯突出时的自救要点:

瓦斯突出显预兆,赶快撤人并汇报。
戴好隔离自救器,防护眼镜也戴牢。
迎着新风向外撤,沉着迅速井口跑。
无法撤离进硐室,隔离门要紧关闭。
打开硐室压风管,戴好头盔好供气。
节约用灯和食物,硐口明显做标记。
敲打金属发响声,呼救人员来这里。

3. 冒顶事故的自救互救

顶板事故是煤矿五大自然灾害之一。加强顶板管理,防治顶板灾害以及搞好发生顶板事故时现场作业人员的应急自救互救工作,是煤矿安全工作的重点之一。

(1) 采煤工作面冒顶的自救、互救和避灾方法。

① 迅速撤退到安全地点。当发现作业现场即将发生冒顶时，最好的应急自救互救措施就是迅速离开危险区，撤退到安全地点。

② 躲到木垛下方或靠煤壁贴身站立。

③ 冒顶遇险后应立即发出求救信号。但在发出求救信号时，不要敲击对自己安全有威胁的物料和煤岩块，以免造成新的冒落，加剧对遇险人员自身的伤害。

④ 积极配合外部的营救工作。在有条件的情况下，应积极利用现场材料疏通脱险通道，配合外部的营救工作，为提前脱险创造条件。

(2) 破碎顶板冒落现场作业人员的应急自救互救。

① 保持支护完整，防止出现局部冒顶。

② 一旦出现局部漏洞，必须立即加以堵塞。

③ 发生垮塌型冒顶时，现场作业人员应该往下逃生。

(3) 掘进工作面冒顶的自救、互救和避灾方法。

① 维护被困地点的安全。

② 及时汇报被围困情况。

③ 打开压风管和自救系统阀门。

④ 发出求救信号。

⑤ 做好长期避灾的准备。

⑥ 创造条件脱离逃生。

煤矿冒顶事故的自救要点：

垮面、冒顶有征兆，速向调度室汇报。
情况严重别冒险，人员撤离工作面。
如果有人被埋压，抢救过程重安全。
如果巷道堵人员，搞好自救莫迟延。
安全地点来静坐，节灯节食延时间。
随时戴上自救器，严防瓦斯会超限。

轮流扒戳找出口，敲打金属求救援。

上级派人来抢救，一定救你脱危险。

4. 水灾事故的自救互救

水害是煤矿五大自然灾害之一，事故一旦发生可能造成井下人员伤亡或淹没矿井等严重事故。煤矿水害的应急自救互救重点如下。

(1) 矿井透水时现场作业人员要迅速撤离灾区，当撤退路线被涌水阻住，或因水流凶猛而无法穿越时，应选择离井筒或大巷最近处、地势最高的上山独头巷道暂避。

(2) 进入避难地点前，应在巷道外口留设文字、衣物等明显标记，以便救援人员及时发现，组织营救。

(3) 预防延期突水。现场作业人员必须做到：只要出现突水预兆必须立即撤退到安全地点，待确认不会发生突水后再返回现场进行作业；对避难地点要进行安全检查和必要的维护，并根据需要设置挡帘、挡板或挡墙，防止涌水和有害气体的侵入。

(4) 在避难地点避难待救时，应间断地、有规律地敲击铁管、铁轨、铁棚或顶底板等物体，向外发出求救信号。

(5) 避难地点没有新鲜空气，或有害气体大量涌出时，若附近有压风自救系统，应及时打开自救系统；若附近有压风管，应及时打开压风管阀门，放出新鲜空气，供被困人员呼吸。

(6) 注意避灾时的身体保暖。

(7) 注意节省矿灯的能量。若多人同在一起避灾，只使用一盏矿灯照明。

(8) 被困期间断绝食物后，遇险人员少饮或不饮不洁净的水，以免中毒。

(9) 在被围困期间，遇险人员可以在积水边放置一大块煤矸石或其他物件作为标志，随时观察积水水位的变化，了解水情。

(10) 被透水围困的人员要镇静，相信矿领导和其他工友们会千方百计地抢救自己,避免体力的过度消耗。

(11) 当矿救援人员到来时,遇险人员要控制住自己的情绪。

煤矿透水事故的自救要点:

透水征兆要记牢,发现征兆就汇报。
采取措施抗灾害,防止淹井把矿保。
人员迅速要撤退,低处要向高处跑。
透水下方有人员,屏住呼吸手抓牢。
防止呛水和溺水,闯过水头最重要。
老空、老窑来臭水,赶快戴好自救器。
最后一人关闸门,水泵司机听指挥。
道路隔断无法逃,上山独头地势高。
节约用灯和食物,自身防护要做好。
敲打金属发信号,等待救援莫急躁。

5. 火灾事故的自救互救

矿井火灾是指发生在矿井井下各处的火灾和发生在井口附近能够威胁矿井安全、造成损失的地面火灾。矿井火灾的应急自救互救重点如下。

(1) 及时扑灭初始火灾。根据现场具体条件,可以采用喷射化学灭火器灭火、用水灭火、用沙子覆盖火源等方法。

(2) 迅速撤离火灾现场。现场作业人员不能采用直接灭火的方法将火扑灭,现场不具备直接灭火的条件时,应迅速撤离火灾现场。

(3) 在高温烟雾巷道中撤退的要点。① 一般不要逆烟雾风流方向撤退;② 应尽量躬身弯腰,低着头迅速行进;③ 在高温浓烟巷道中撤退时,应防止高温危害。

(4) 妥善避灾,等待救援。若人员无法顺利撤离,应迅速进入避难硐室。

(5) 局部控制风流,减轻灾情。矿井火灾发生后,现场作业人员应该利用附近的通风设施，实现局部反风、风流短路或增减风量，达到减轻火灾危害的目的。

(6) 在矿井发生火灾时，现场作业人员除了应该注意火灾事故的应急自救互救事项外，还应高度警惕防止爆炸事故的发生。

煤矿火灾事故的自救要点：

井下火灾一发现，迅速扑灭莫迟延。
火势猛烈难扑灭，赶快汇报求支援。
火区人员守纪律，服从命令听指挥。
辨明方向逆风走，立即戴好自救器。
避灾路线要记清，尽快撤离危险区。
烟雾弥漫道路堵，无法撤离莫踌躇。
躲进硐室、风门间，堵严硐口防雾烟。
节约用灯和食物，敲打金属来呼救。

## 第三节　自　救　器

### 一、概述

《煤矿安全规程》规定：入井人员必须随身携带自救器。自救器是入井人员在井下发生火灾、瓦斯煤尘爆炸、煤与瓦斯突出时防止有害气体中毒或缺氧窒息的一种随身携带的呼吸保护器具。自救器是一种体积小、重量轻、便于携带的防护个人呼吸器官的装备。

自救器有过滤式和隔离式两类。过滤式自救器因为仅能防护一氧化碳一种气体，对其他有毒气体不起防护作用，而且不能提供人呼吸的氧气，所以目前我国煤矿不采用过滤式自救器而采用隔离式自救器。

隔离式自救器能提供人呼吸所需的氧气，人的呼吸在人体与自救器之间循环进行，与外界空气成分无关，所以它能防护各种毒气。

根据隔离式自救器中氧气的来源不同又分为化学氧隔离式自救器和压缩氧隔离式自救器两种。煤矿常用自救器如图 7-3 所示。

图 7-3 煤矿常用自救器

注意：根据国家安全生产监督管理总局和国家煤矿安全监察局制定的《禁止井工煤矿使用的设备及工艺目录（第三批）》的规定，一氧化碳过滤式自救器自 2012 年 1 月 27 日后禁止使用，ZH15 隔绝式化学氧自救器自 2013 年 6 月底后禁止使用。

## 二、化学氧隔离式自救器

化学氧隔离式自救器利用化学生氧物质产生氧气，供人员从火灾、爆炸、突出灾区撤退脱险用。

（1）防护特点。

① 提供人员逃生时所需的氧气。

② 整个呼吸在人体与自救器之间循环进行，与外界空气成分无关，能防护各种毒气。

③ 用于从火灾、爆炸、突出的灾区中逃生。

（2）使用程序。

自救器的使用方法如图 7-4 所示。

① 佩用位置。将腰带穿入自救器的腰带环内，并固定在背部后侧腰间。

图 7-4　自救器的使用

② 开启扳手。使用时,先将自救器沿腰带转到右侧腹前,左手托底,右手下拉护罩胶片,使护罩挂钩脱离壳体丢掉;再用右手掰锁扣带扳手至封条断开后,丢开锁门带。

③ 去掉上外壳。左手抓住下外壳,右手将上外壳用力拔下丢掉。

④ 套上挎带。将挎带套在脖子上。

⑤ 提起口具并立即戴好。用力提起口具,靠拴在口具与启动环间的尼龙绳的张力将启动针拔出,此时气囊逐渐鼓起口具塞并同时将口具放入口中,口具片置于唇齿之间,牙齿紧紧咬住牙垫,紧闭嘴唇。若尼龙绳被拉断,气囊未鼓,可以直接拉起启动环。

⑥ 夹好鼻夹。两手同时抓住两个鼻夹垫的圆柱形把柄,将弹簧拉开,憋住一口气,使鼻夹垫准确夹住鼻子。

⑦ 调整挎带。如果挎带过长,抬不起头,可以拉动挎带上的大圆环,使挎带缩短,系在小圆环上。

⑧ 退出灾区。上述操作完毕后,开始撤离灾区。若感到吸气不足,应放慢脚步,做深呼吸,待气量充足后再快步行走。

(3) 注意事项。

① 在井下工作,当发现有火灾或瓦斯爆炸现象时,必须立即佩戴自救器,撤离现场。

② 使用自救器时，应注意观察漏气指示器的变化情况，如发现指示器变红，则仪器需要维护，应停止使用。

③ 当空气中的一氧化碳浓度达到或超过 0.5%，吸气时会有些干、热的感觉，这是自救器有效工作的正常现象；必须使用到安全地带，方能取下自救器，切不可因干、热感觉而取下。

④ 携带自救器时，应尽量减少碰撞，严禁当坐垫或用其他工具敲砸自救器，特别是内罐。

⑤ 佩戴自救器撤离时，要求匀速行走，保持呼吸均匀；禁止狂奔和取下鼻夹、口具或通过口具说话。

⑥ 自救器长期存放处应避免日光照射和热源直接影响，不要与易燃和有强腐蚀性的物质同放一室，存放地点应尽量保持干燥。

⑦ 过期和不能使用的自救器，可以打开外壳，拧开启动器盖，用水冲洗内部的生氧药品，然后才能处理，切不可乱丢内罐和药品，以免引起火灾事故。

**三、压缩氧隔离式自救器**

压缩氧隔离式自救器是利用装在氧气瓶中的压缩氧气供氧的隔离式呼吸保护器，是一种可反复多次使用的自救器。每次使用后，只需要更换吸收二氧化碳的氢氧化钙吸收剂和重新充装氧气，即可重复使用。煤矿常用压缩氧隔离式自救器如图 7-5 所示。

图 7-5　煤矿常用压缩氧隔离式自救器

(1) 防护特点。

① 提供人员逃生时所需的氧气,能防护各种毒气。

② 可反复多次使用。

③ 用于有毒气或缺氧的环境条件下。

④ 可用于压风自救系统的配套装备。

(2) 使用程序。

压缩氧隔离式自救器的使用如图 7-6 所示。

图 7-6　煤矿常用压缩氧隔离式自救器的使用

① 携带时挎在肩膀上。

② 使用时,先打开外壳封口的扳把。

③ 打开上盖,然后左手抓住氧气瓶,右手用力提上盖,氧气瓶开关即自动打开,最后将主机从下壳中拖出。

④ 摘下帽子,套上挎带。

⑤ 拔开口具塞,将口具放入嘴内,牙齿咬住牙垫。

⑥ 将鼻夹夹在鼻子上,开始呼吸。

⑦ 在呼吸的同时,按动补给按钮,大约 1～2 s 气囊充满,立即停止。

(3) 注意事项。

① 高压氧瓶储装有 20 MPa 的氧气,携带过程中要防止撞击

磕碰或当坐垫使用。

② 携带过程中严禁开启扳把。

③ 佩戴这种自救器撤离时，严禁摘掉口具、鼻夹或通过口具讲话。

## 第四节　现场急救

现场急救的关键在于及时。人员受伤后 2 min 内进行急救的成功率可达 70%，4～5 min 内进行急救的成功率可达 43%，15 min 以后进行急救的成功率则较低。据统计，现场创伤急救开展得好可减少 20%的伤员死亡。

### 一、现场急救原则

1. 井下长期被困人员的现场急救

发生冒顶、爆炸、透水事故时，都可能将人员困于井下几小时、几天甚至几十天。

(1) 发现井下被困人员时，禁止用矿灯照射其眼睛，抢救搬运过程中用深色衣物或毛巾将伤员眼睛蒙住，以防伤员失明。

(2) 井下长期被困人员脱险后，宜进流食，少吃多餐，不可暴饮暴食。

(3) 在医院治疗期间，劝阻亲属探望，避免过于兴奋、激动而发生意外。

2. 对冒顶埋压人员的现场急救

(1) 扒刨伤员时不可伤及人体。若被压煤岩块太大搬不动，可用千斤顶抬起煤岩块救人。绝不可用工具，只能用手扒，更不可爆破崩。

(2) 救出伤员后，应尽快清除伤员口、鼻中的污物，使其呼吸畅通。

(3) 若伤员呼吸停止，应做人工呼吸抢救。

(4) 若伤员有外伤，应包扎并用止血术止血，防止伤员因失血过多死亡。

(5) 若伤员有骨折，应用夹板固定，防止加重伤情。

3. 对中毒人员的急救

(1) 立即将伤员从危险区抢运到新鲜风流中，并安置在顶板完好、无淋水和通风正常的地点。

(2) 立即将伤员口、鼻内的唾液、血块和碎煤(岩)除去，并解开上衣和腰带，脱掉胶靴。

(3) 用衣物覆盖伤员身体以保暖。

(4) 根据心跳、呼吸、瞳孔以及伤员神志等情况，初步判断伤员伤情的轻重。对呼吸困难或停止者及时进行人工呼吸。对心脏停止跳动的伤员(心音、脉搏、血压消失，瞳孔散大)进行心脏按压急救。

(5) 如果伤员出现眼红肿、流泪、畏光、喉痛、咳嗽和胸闷等现象，说明是 $SO_2$ 中毒所致。当伤员出现流泪、喉痛和手指、头发呈黄褐色时，说明是 $NO_2$ 中毒所致。对这两类伤员不能做口对口人工呼吸，只能做压胸或压背人工呼吸，否则将加重伤情。

(6) 人工呼吸持续的时间以伤员恢复正常呼吸或死亡为止。当救护队到来后应转由他们用苏生器急救。

4. 对受外伤人员的急救

(1) 对烧伤人员的急救措施。

① 灭：扑灭伤员身上的火，使其尽快脱离热源，控制烧伤范围。

② 查：检查伤员呼吸、心跳情况，看有无其他外伤和有毒气体中毒。

③ 防：防止烧伤人员休克、窒息和创面污染。

④ 包：用较干净的衣物把伤面包裹起来，防止感染，尽量不要弄破水泡以保持表皮完整。

⑤ 送:把严重烧伤人员迅速送往医院抢救。

(2) 对出血人员的急救措施。

对这类伤员,要争分夺秒、准确、有效地止血,再进行其他急救处理。对于因内伤而咯血的伤员,先使其呈半躺半坐姿势,以利于呼吸和预防窒息,然后劝慰伤员平稳呼吸,不得惊慌,以免血压升高,呼吸加快,出血增多。等待医护人员下井急救或护送出井急救。

5. 对骨折人员的急救

对骨折人员,首先用毛巾或衣物作衬垫,然后就地取木棍、木板、竹笆片等材料做成临时夹板,将受伤肢体固定后抬送医院。对受伤的肢体不得伸屈、按摩、热敷,以免加重伤情。

6. 对溺水人员的急救

(1) 转送。把溺水者从水中救出后,要立即送到比较温暖、空气流通的地方,松开腰带,脱掉湿衣服,盖上干衣服,以保持体温。

(2) 检查。以最快的速度检查溺水者的口鼻,如果有泥沙等污物堵塞,应迅速清除干净,以保持呼吸道畅通。

(3) 控水。使溺水者呈俯卧位,用木料、衣物等垫在肚下,或跪下一条腿,让溺水者趴在另一条腿上,使其头朝下,并压其背部,迫使其体内的水流出,如图7-7所示。

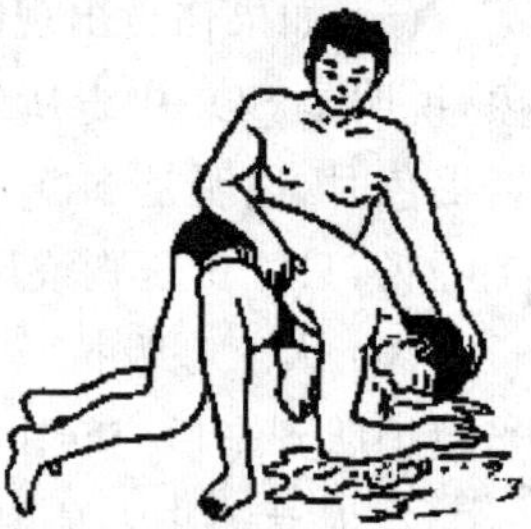

图 7-7　伏膝控水法

(4) 人工呼吸。对无心跳、呼吸者,应立即做俯卧压背式人工呼吸或口对口吹气式人工呼吸,同时做胸外心脏按压术。

7. 对触电者的急救

(1) 立即切断电源,或使触电者脱离电源。

(2) 迅速观察伤员有无呼吸和心脏跳动。如发现已停止呼吸或心音微弱,应立即进行人工呼吸或胸外心脏按压术。

（3）若呼吸和心脏跳动都已停止，应同时进行人工呼吸和胸外心脏按压术。

（4）对遭受电击者，如有其他损伤，如跌伤、出血等，应进行相应的急救处理。

## 二、人工呼吸

1. 人工呼吸前的准备工作

（1）伤员的呼吸道要保持通畅无阻，以使气体容易进出。要检查口、鼻内有无泥草、痰涕或其他分泌物，如有应予以清除。

（2）松开伤员的衣领、内衣、裤带，使外界没有阻碍胸廓的影响因素，让肺脏伸缩自如。

（3）如有活动的假牙应立即取出，以免滑入气管。

（4）要求在操作方法上，原则上不加重或无害于身体已有的损伤。

2. 口对口或（鼻）吹气法

此法操作简便容易掌握，而且气体的交换量大，接近或等于正常人呼吸的气体量。对大人、小孩效果都很好。操作方法如图 7-8 所示。

(a)　(b)　(c)

图 7-8　口对口人工呼吸

（1）病人取仰卧位，即胸腹朝上。

（2）救护人站在其头部的一侧，自己深吸一口气，然后对着伤病人的口（两嘴要对紧不要漏气）将气吹入，造成吸气。

（3）为使空气不从鼻孔漏出，此时可用一只手将其鼻孔捏住。

(4) 然后救护人把嘴移开,将捏住鼻孔的手放开,并用一只手压其胸部,以帮助病人呼气。

(5) 这样反复进行,每分钟进行 14～16 次。

(6) 如果病人口腔有严重外伤或牙关紧闭时,可对其鼻孔吹气(必须堵住口)即为口对鼻吹气法。

(7) 救护人吹气力量的大小,依病人的具体情况而定。一般以吹进气后,病人的胸廓稍微隆起为最合适。

3. 俯卧压背法

此法应用较普遍,是一种较古老的方法。由于病人取俯卧位,舌头能略向外坠出,不会堵塞呼吸道,救护人不必专门来处理病人的舌头,节省了时间,能及时进行人工呼吸。具体操作方法如图 7-9 所示。

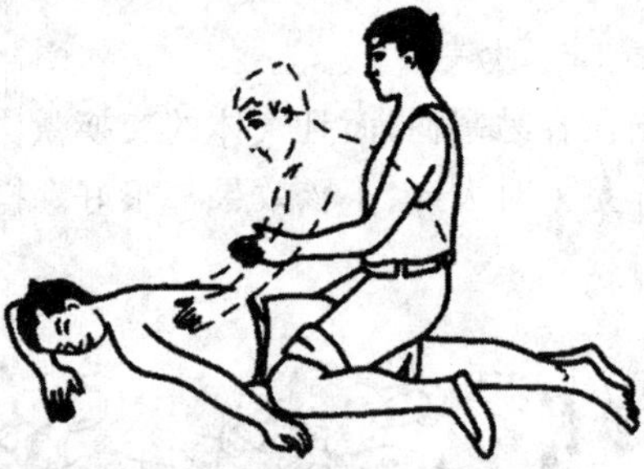

图 7-9　俯卧压背法人工呼吸

(1) 伤病人取俯卧位,即胸腹贴地,腹部可微微垫高,头偏向一侧,两臂伸过头,一臂枕于头下,另一臂向外伸开,以使胸廓扩张。

(2) 救护人面向其头,两腿屈膝跪地于伤病人大腿两旁,把两手平放在其背部肩胛骨下角(大约相当于第七对肋骨处)、脊柱骨左右,大拇指靠近脊柱骨,其余四指稍微张开并弯曲。

(3) 救护人俯身向前,慢慢用力向下压缩,用力的方向是向下、稍向前推压；当救护人的肩膀与病人的肩膀将成一直线时，不再用力；在这个向下、向前推压的过程中，即将肺内的空气压出，形成呼气；然后慢慢放松回身，使外界空气进入肺内，形成吸气。

（4）按上述步骤，反复有规律地进行，每分钟进行 14～16 次。

4. 仰卧压胸法

此法便于观察病人的表情，而且气体交换量也接近于正常人的呼吸量；最大的缺点是，伤员的舌头由于仰卧而后坠，容易阻碍空气的出入；所以采用本法时要将病人的舌头按出。这种姿势，对于淹溺及胸部创伤、肋骨骨折的伤员不宜使用。操作方法如图 7-10 所示。

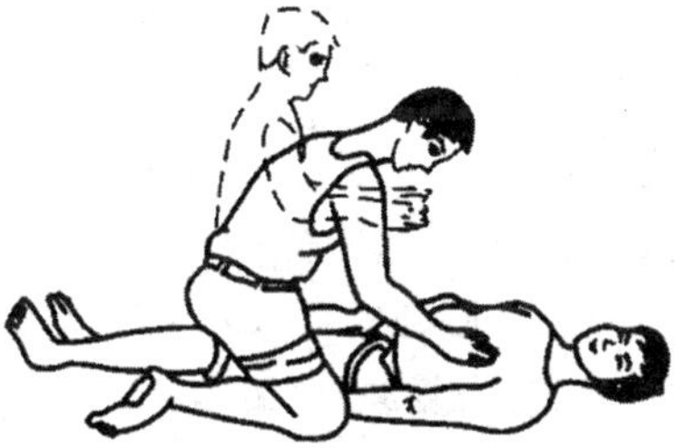

图 7-10　仰卧压胸法人工呼吸

（1）病人取仰卧位，背部可稍加垫，使胸部凸起。

（2）救护人屈膝跪地于病人大腿两侧，把双手分别放于乳房下面（相当于第六七对肋骨处），大拇指向内，靠近胸骨下端，其余四指向外，放于胸廓肋骨之上。

（3）向下同时稍向前压，其方向、力量、操作要领等与俯卧压背法相同。

（4）按上述动作，反复有节律地进行，每分钟进行 16～20 次。

**三、心肺复苏**

1. 心肺复苏概述

心肺复苏适用于由急性心肌梗死、脑梗死、严重创伤、电击伤、溺水、挤压伤、踩踏伤、中毒等多种原因引起的呼吸、心跳骤停的伤病员。

对于心跳呼吸骤停的伤病员，心肺复苏成功与否的关键是时间。在心跳呼吸骤停后 4 min 之内开始正确的心肺复苏，8 min 内进行高级生命支持的伤病员，生存希望较大。

2. 心肺复苏操作程序

(1) 判断意识。

(2) 高声呼救。

(3) 将伤病员翻转成仰卧姿势，放在坚硬的平面上。

(4) 判断呼吸。看胸部有无起伏；听有无呼吸声；感觉有无呼出气流拂面。

(5) 胸外心脏按压。

(6) 打开气道。

(7) 口对口人工呼吸。

(8) 复原(侧卧)位。心肺复苏成功后或无意识但恢复呼吸及心跳的伤病员，将其翻转为复原(侧卧)位。

3. 心脏复苏方法

进行胸外心脏按压使心脏复苏。

按压部位：胸部正中两乳连接水平。

按压方法如图 7-11 所示。具体步骤如下：

(1) 救护员用一只手中指沿伤病员一侧肋弓向上滑行至两侧肋弓交界处，然后将食指、中指并拢排列，同时另一只手掌根紧贴食指置于伤病员胸部。

(2) 救护员双手掌根同向重叠，十指相扣，掌心翘起，手指离开胸壁，双臂伸直，上半身前倾，以髋关节为支点，垂直向下用力、有节奏地按压 30 次。

(3) 按压与放松的时间相等，下压深度 4～5 cm，放松时保证胸壁完全复位，按压频率 100 次/min。正常成人脉搏每分钟 60～

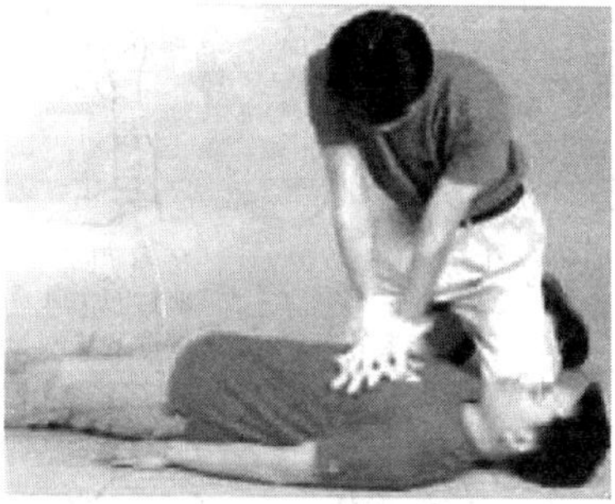

图 7-11　心脏复苏按压方法

100 次。

(4) 按压与通气之比为 30∶2，做 5 个循环后可以观察一下伤病员的呼吸和脉搏。

**四、止血术**

成年人血量约为 4 500～5 000 mL，为体重的 8%左右，人体若失血超过 1 000 mL 便会有生命危险。因此，止血术对于抢救伤员是非常重要的。出血分动脉出血、静脉出血和毛细血管出血三种。对于毛细血管出血，一般用干净布条包扎伤口即可；对于静脉出血，可用加压包扎法止血；而对于动脉出血，由于喷流太快，抓紧止血是救人生命的关键，可采用以下几种暂时性止血术。

1. 手压止血法

在伤口的上端(近心端)用手指压住出血的血管，以阻止血流，如图 7-12 所示。此法是用于四肢大出血的暂时性止血措施。

2. 加压包扎止血法

这是最常用、最有效的止血术，适用于全身各部位。用干净毛巾(或消毒纱布)盖住伤口，再用布带(绷带、三角巾、工作服布条等)加压缠紧，并将肢体抬高，也可在肢体的弯曲处加垫并用布条缠紧，如图 7-13 所示。

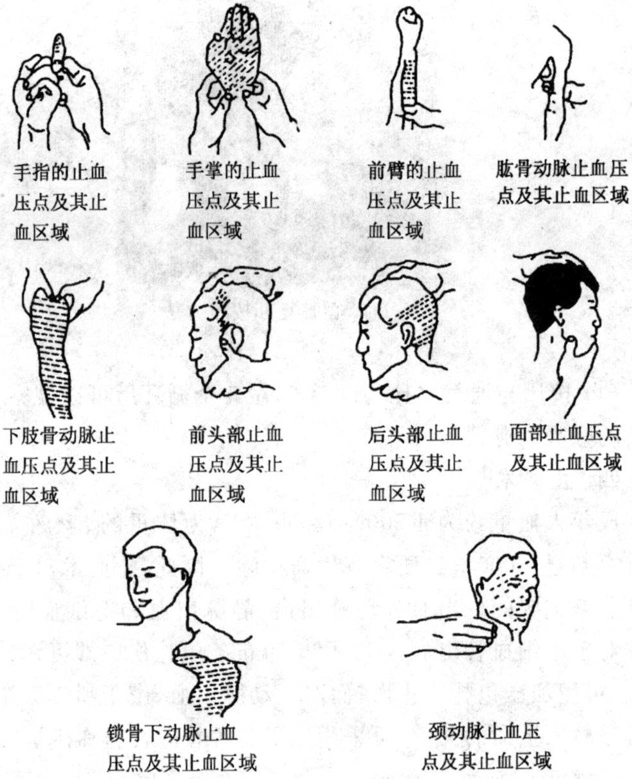


图 7-12　手压止血法

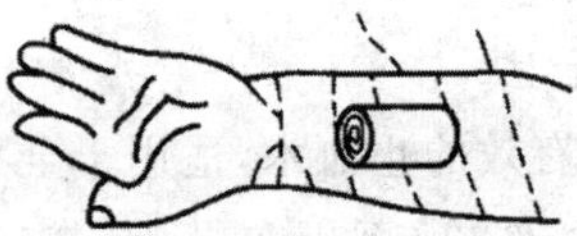

图 7-13　加压包扎止血法

3. 加垫屈肢止血法

利用关节的极度屈曲，压迫血管达到止血的目的，如图 7-14 所示。

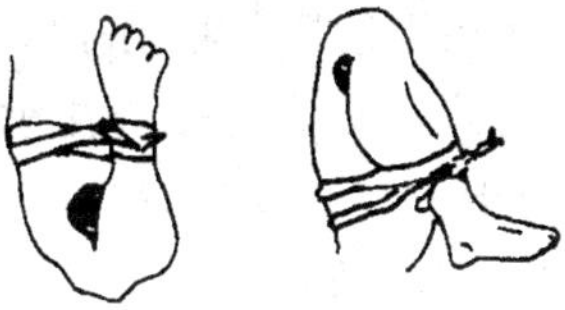

图 7-14　加垫屈肢止血法

4. 止血带止血法

止血带有很强的弹性，止血效果明显，如图 7-15 所示。橡皮止血带压迫出血伤口的近心端进行止血。在井下可就地取材，利用胶管或电缆皮等充当止血带进行止血。

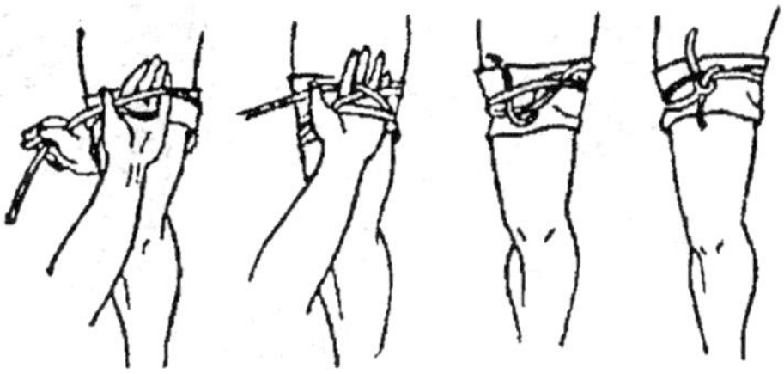

图 7-15　止血带止血法

## 五、包扎

对伤口进行及时正确的包扎，有助于保护伤口，减少感染，减少出血，减轻疼痛，避免伤情加重。因此，急救过程中必须对伤员进行及时正确的伤口包扎。

1. 绷带包扎

(1) 环形包扎法。重叠缠绕肢体数圈，常用在包扎的开始，如图 7-16(a)所示。

(2) "8"字形包扎法，此法适用于关节部位。在关节的中部开始环形包扎两圈后，再一圈向上、一圈向下缠绕，两圈在关节曲侧交叉，并压住前圈的1/2，如图7-16(b)所示。

(3) 螺旋包扎法。按环形包扎法固定后，再斜形缠绕，每圈盖住前圈的1/3至2/3，多用于包扎上臂、手指等，如图7-16(c)所示。

(4) 螺旋反折包扎法。此法与螺旋法大体相同，但每圈必须反折，反折时用一手拇指压在回反处，另一手将绷带反折向下，再包绕肢体拉紧，如图7-16(d)所示。

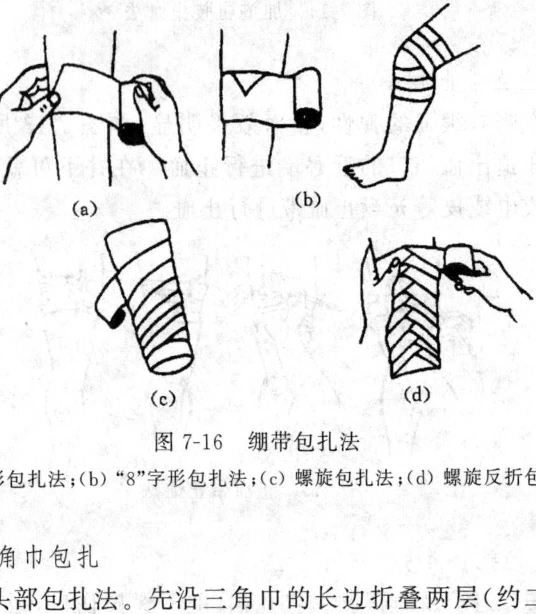

图7-16 绷带包扎法

(a) 环形包扎法；(b) "8"字形包扎法；(c) 螺旋包扎法；(d) 螺旋反折包扎法

2. 三角巾包扎

(1) 头部包扎法。先沿三角巾的长边折叠两层(约二指宽)，从前额包起，把顶角和左右两角拉到脑后，先打一个结，将顶角塞到结里，再将左右两角包到前额打结，如图7-17(a)所示。

(2) 面部包扎法。把三角巾的顶角先打一个结，用于包扎头面，在眼睛、鼻子和嘴的地方剪几个小洞；把左右角拉到头后，再绕到前额打结，如图7-17(b)所示。

(3) 胸部包扎法。三角巾底边横在胸前，顶角向上包住伤侧

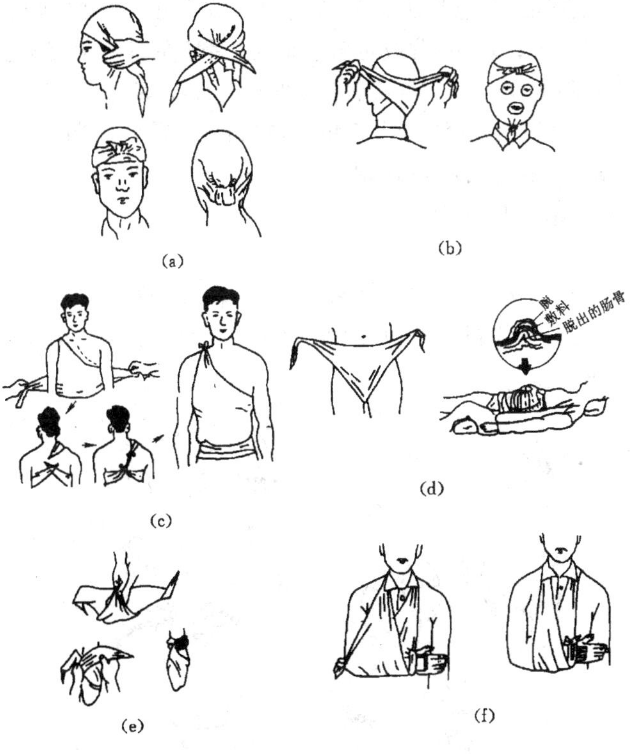


图 7-17　三角巾包扎法

(a) 头部包扎法;(b) 面部包扎法;(c) 胸部包扎法;
(d) 腹部包扎法;(e) 手足包扎法;(f) 悬臂带包扎法

胸部,两底角经腋下拉向背后,在背部中间打结,再与顶角打结,如图 7-17(c)所示。

(4) 腹部包扎法。腹部损伤如有内脏脱出,应先用敷料盖好,再用碗或腰带、敷料盘做成杯状保护内脏。将三角巾底边横于腹部,两底角在腰后打结,再与从大腿中间向后拉紧的顶角打结固定,如图 7-17(d)所示。

(5) 手(足)部包扎法。手指或脚趾放在三角巾的顶角位置，把顶角向上折，包在手背或足背上面，然后把左右两角交叉上拉到手腕或脚腕的左右两边缠绕打结，如图 7-17(e)所示。

(6) 悬臂带包扎法。将三角巾顶角打结，前臂屈曲 90°用三角巾兜住吊于胸前，两底角在颈后打结，可分为大悬带、小悬带两种包扎法，如图 7-17(f)所示。

3. 毛巾包扎

当需要包扎的伤员多，又来不及准备足够数量的干净三角巾时，可以用毛巾代替三角巾使用。不同部位的毛巾包扎方法如图 7-18 所示。

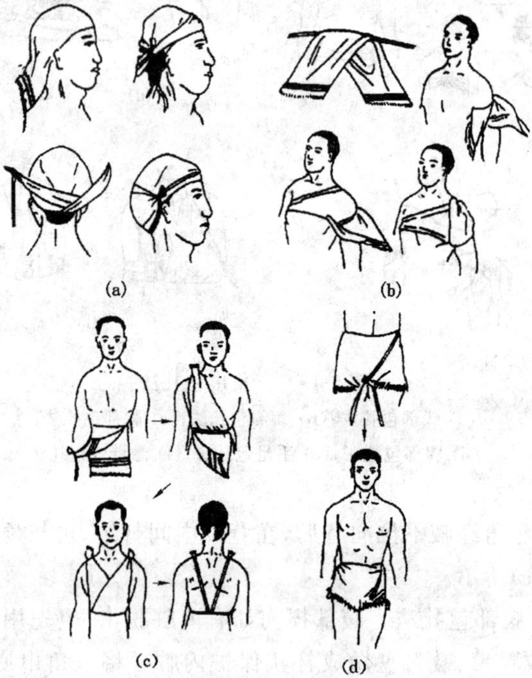


图 7-18　毛巾包扎法

(a) 头顶部包扎法；(b) 单肩包扎法；(c) 全胸包扎法；(d) 腹部包扎法

4. 四头带包扎

用较宽的长条白布或毛巾，从两端的中间顺向剪开，中间留约1/3长不剪开。四头带包扎法适用于鼻、下颌、前额及头后等部位的包扎，如图7-19所示。

图 7-19　四头带包扎法

5. 包扎时的注意事项

(1) 包扎时动作要迅速敏捷，不可碰触伤口，以免引起出血、疼痛和感染。

(2) 不能用井下的污水冲洗伤口，伤口表面的异物(如煤渣、矸石末等)应除去，但深部异物需等运至医院后取出，防止重复感染。

(3) 包扎动作要轻柔，松紧要适宜，不可过松或过紧，结头不要打在伤口上，应使伤员体位舒适。

(4) 脱出的内脏不可纳回伤口，以免造成体腔内感染。

(5) 包扎范围应超出伤口边缘5～10 cm。

## 六、骨折的临时固定

骨折是一种严重创伤，可能会给伤者造成各种危害。为了避免骨折断端在搬运时损伤周围的血管、神经、肌肉、内脏或刺破皮肤，减轻伤员疼痛，防止休克，并便于将伤员运送到医院去彻底治疗，应及时对骨折部位进行临时固定。临时固定的具体方法，应根据骨折的不同部位来决定。

1. 上肢骨折

(1) 上肢肱骨骨折的固定。肘关节屈曲90°,在上臂的前、后、外侧放好衬垫,各置一块夹板,同时用绷带将骨折上下端固定,用三角巾将前臂吊于胸前,如图7-20(a)所示;无夹板时,可用宽布带将上臂固定于胸侧,再用三角巾将前臂吊于胸前,如图7-20(b)所示。

(2) 前臂骨折的固定。用两块夹板分别放置在前臂的手掌侧和背侧,加热后用三角带或三角巾固定,肘关节屈曲90°,再用三角巾将前臂吊于胸前,如图7-20(c)所示。

(a) (b) (c)

图7-20 上肢骨折固定法

2. 下肢骨折

(1) 大腿骨折的固定。用一长一短两块夹板,一块放在骨折大腿外侧,从腋窝到脚跟,另一块放置在腿内侧,从大腿根到脚跟;加垫后,用三角巾或宽布带分段固定,如图7-21所示。

(2) 小腿骨折的固定。从大腿中部至脚跟用两块夹板,置于小腿内、外两侧,加垫后分段固定,如图7-22所示。

3. 骨盆骨折

用床单或衣物将骨盆包扎住,并将伤员两下肢互相捆绑在一起,膝、踝间加上软垫,曲髋、屈膝,由多人将伤员仰卧平托在木板担架上。骨盆骨折者还应注意检查有无内脏损伤及内出血等。

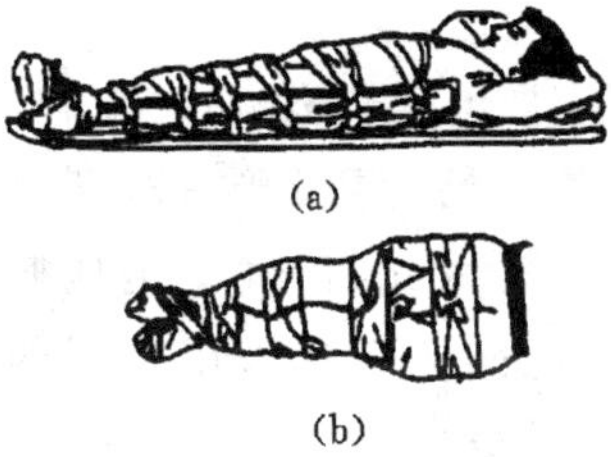

图 7-21　大腿骨折固定法

(a) 夹板固定法;(b) 无夹板固定法

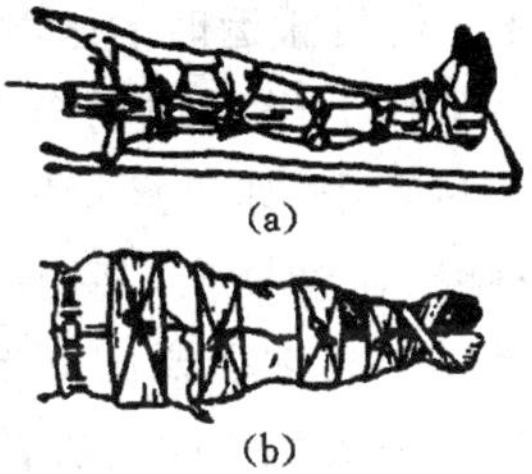

图 7-22　小腿骨折固定法

(a) 夹板固定法;(b) 无夹板固定法

4. 脊柱骨折

确定伤员脊柱骨折后,应按伤员伤后的姿势固定,不能轻易搬动。固定方法是:用三块夹板组成“工”字形,其中一块长约75 cm,另两块长约60 cm;把长的一块顺着人体放在贴近脊柱处,在板和背部之间用毛巾或布垫好;把短的两块板横放在竖板的两端,分别放在两肩后和腰骶部,然后用绷带或三角巾固定在两肩和腰骶部,先固定上端的横板,再固定下端的横板[图 7-23(a)]。如无夹板时,可使用硬板担架固定与搬运脊柱骨折伤员[图 7-23(b)]。

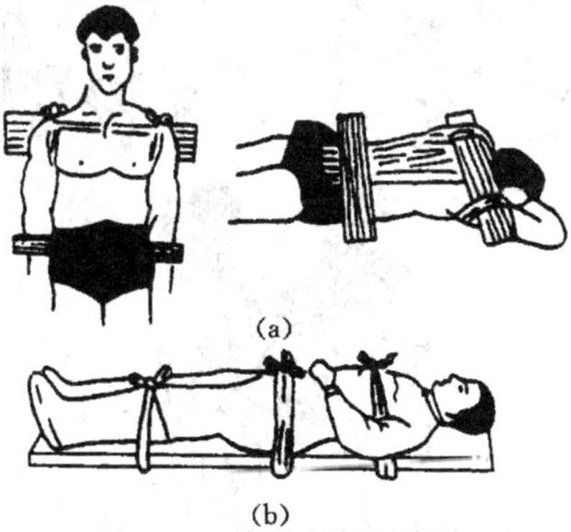

图 7-23　脊柱骨折固定法

(a) 用夹板组成的“工”字形固定法;(b) 用硬板担架固定法

## 七、伤员搬运时的注意事项

井下伤员经过现场急救处理后，要迅速向地方医院转移。在转移过程中，如果搬运不当，可能使伤情加重，严重时还可能造成神经、血管损伤，甚至瘫痪或死亡。因此，正确安全地搬运伤员是一个非常重要的环节，必须对不同的伤员采用不同的搬运方法。一般伤员搬运方法如图 7-24 所示。

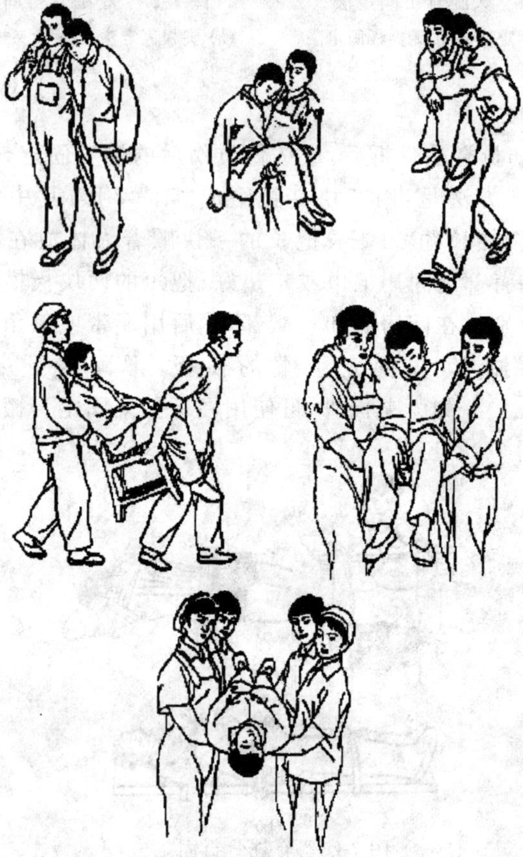

图 7-24　伤员搬运

(1) 搬运伤员一般可用担架、木板、风筒、刮板输送机槽、绳网或衣物等做成的临时担架运送。

(2) 在搬运颈椎受伤的伤员时,要有专人抱住伤员头部,轻轻向水平方向牵引,并固定在中立位置,不使颈椎弯曲,严禁左右扭转,如图 7-25 所示。

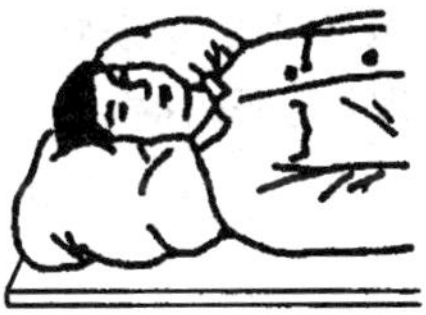

图 7-25 颈椎骨折伤员的头部固定

(3) 对脊椎损伤的伤员,严禁让其坐起、站立和行走,也不能采用一人抬头、一人抱腿或人背的方法搬运,以防损伤脊髓,造成截瘫或死亡,所以必须十分小心,如图 7-26 所示。

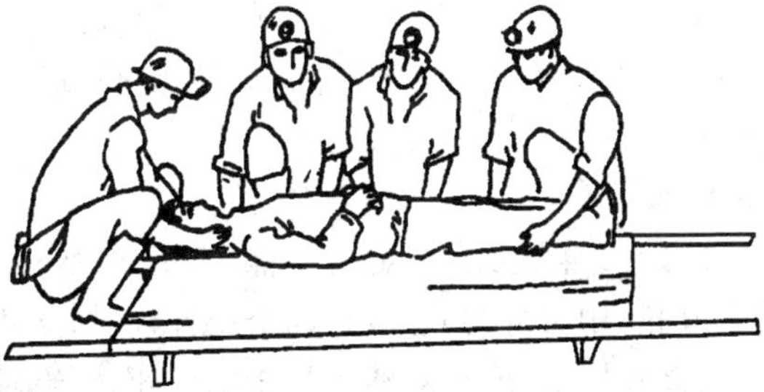

图 7-26 脊椎骨折伤员的搬运

(4) 搬运胸、腰椎损伤的伤员时,先把硬板担架放在伤员旁边,由专人照顾患处,另由两三人在保持其脊柱伸直的同时轻轻将伤员推滚到担架上。伤员在硬板担架上仰卧,受伤部位垫上薄垫或衣物,严禁伤员坐起或采用肩背式搬运。

(5) 受一般外伤的伤员,可平卧在担架上,伤腿抬高;胸部有外伤的伤员可半坐半卧。腹腔部内脏损伤的伤员可平卧,用宽布带将腹腔部捆在担架上,以减轻痛苦和减少出血。骨盆骨折的伤员可仰卧在硬板担架上,曲髋、屈膝、膝下垫软枕或衣物,用布带将骨盆捆在担架上。

(6) 搬运伤员时应让其头部在后面,随行的救护人员要时刻注意观察伤员的面色、呼吸、脉搏、瞳孔,必要时要及时进行抢救;随时注意观察伤员是否继续出血、固定是否牢靠,出现问题及时处理;上下山时,应尽量保持担架平衡,防止伤员从担架上掉下。

(7) 将伤员搬运到井上后,应向接收医生详细介绍受伤、检查和抢救经过。

## 第五节　典型事故救援案例

### 一、煤尘爆炸事故抢险救灾案例

2005 年 11 月 27 日 21:22,黑龙江省龙煤集团七台河分公司某煤矿发生特别重大煤尘爆炸事故,波及全矿井,造成 171 人死亡,48 人受伤。

1. 矿井概况

该煤矿于 1956 年建井,核定生产能力为 50 万 t/a。采用斜井、立井联合开拓,中央并列式通风,四个斜井入风,立井回风。矿井瓦斯等级为高瓦斯矿井,相对涌出量 18.14 $m^3/t$,绝对瓦斯涌出量22.28 $m^3/min$,煤尘具有强爆炸性。矿井划分为 3 个生产采区,开采 5 个煤层,煤厚 0.6～0.9 m,6 个采煤工作面,井下人员 243 人。

2. 事故情况

27 日 21:22,煤矿值班人员听到巨响,随即全矿停电,井下通讯中断。地面带式输送机房被摧毁,斜井井颈塌陷,主通风机停止运转。事故调查后认定,在处理皮带巷煤仓堵塞时,违规爆破引爆煤尘,波及全矿。

3. 救援情况

(1) 22:05 矿长接到报告赶到调度室,22:30 救护队接到命令,2 min 后队伍出动,22:57 入井开始救援。

(2) 22:57 四个救护小队分别从人车井、副井、皮带井和主井进入灾区侦察。发现爆炸波及全矿各个采区所有的机电硐室。在采区候车石门、水仓、变电所、车场发现 53 名遇难人员和 8 名幸存矿工，救护队救助幸存矿工升井。

(3) 联合作战。28 日，鸡西救护大队 5 个小队 55 人，鹤岗国家救援基地 5 个小队 70 人，双鸭山救护大队 4 个小队 49 人陆续到达灾区。

(4) 科学制定救援方案。设置井下救灾指挥基地，靠前指挥；构筑临时通风设施，恢复灾区通风；保障主通风机运行，稳定通风系统；连续监测矿井气体，防止二次爆炸。整个救援过程由专家组提供全过程技术指导。

(5) 各队分区负责，逐段开展搜救工作。救援过程中，4 个救护大队和 1 个救护中队，398 名指战员，进入灾区 112 队次、855 人次；恢复各种临时密闭 210 道，排放巷道瓦斯 5 140 m。历时 195 h，救出遇险人员 73 人。

4. 救援中的难点、重点

(1) 三采区高温、瓦斯威胁的处理。三采区为主要生产区，布置了 2 个采煤工作面，1 个备用工作面，8 个掘进工作面，92 人全部遇难。运用移动气体分析车实施连续气体监测，最终采取排放瓦斯措施消除了爆炸威胁。

(2) 救援过程中发现该煤矿井田范围内有 19 个小煤矿威胁着救援安全，指挥部安排煤监机构、矿山救援中心、地方管理部门等组成 4 个督察组逐一排查，停产关闭，确保了救援安全。

## 二、煤与瓦斯突出的自救、互救案例

2006 年 1 月 6 日安徽皖北煤电集团某煤矿在石门揭煤掘进工作面时发生煤与瓦斯突出事故，工作面的 36 名矿工在瓦检爆破工马力的带领下成功实现自救，全部幸免于难。

1. 矿井概况

该煤矿位于濉溪县铁佛镇境内，是安徽省“十五”期间861个重点建设项目之一。矿井设计生产能力为90万t/a，服务年限41.5年，投资134 504.83万元，于2004年3月1日开工建设，2007年12月18日开始联合试运转。

2. 事故情况

2006年1月6日，石门掘进迎头按规程进行爆破作业。爆破前，马力再一次举起瓦斯检测仪：迎头瓦斯浓度0.1%，回风流中瓦斯浓度0.12%，无瓦斯忽大忽小、卡钻等现象，没有任何异常征兆。“撤人、爆破！”马力发出命令。几声哨音响后，马力拧动了爆破器。呼、呼……突然，伴着两声沉闷的声音，风筒剧烈地抖动起来，一股冲击波扑面而来。马力意识到，是发生了煤与瓦斯突出。

3. 矿工自救、互救

煤与瓦斯突出事故发生后，马力第一个意识到发生了事故，开始带领大家积极实施自救、互救和安全撤离。

(1) 马力带领大家向有新鲜风流的南翼轨道大巷撤退，并边清点迎头人数边指挥撤退。

(2) 待撤到新鲜风流处后，他迅速打开自救系统闸阀，并要求所有人趴下，打开自救器。

(3) 慌乱中有2名职工忘了去掉自救器的塞子，就把口具直接塞入嘴中，憋闷得喘不过气来，马力躬身上前快速帮他们佩戴好自救器。

(4) 事故发生七八分钟后，部分人开始沉不住气；马力将混乱的队伍稳定下来，集中36名矿工按照避灾路线向主井口撤退。

(5) 撤退途中，发现2名运料工被瓦斯熏倒，已昏迷不醒。马力立即组织工友们将2人拖到风筒处，用随身携带的钢锯条划开风筒，使新鲜风流直接吹向他们的面部，并实施按压心脏等救助措施。待情况好转后，又为他俩戴上自救器，安排人员背着他们，大家在互相鼓励和帮助下，安全撤离到主井口。

(6) 工人安全撤出后，马力重返抢险第一线，坚守在瓦斯主要监测点，为抢救赢得了时间，有效地避免了事故的进一步恶化。

4. 借鉴意义

由于瓦检爆破工马力充分掌握了本岗位工作的操作规程和矿井应急自救、互救知识，为事故抢险自救、减少事故损失作出了突出贡献。当年马力获得皖北煤电集团授予的“安全功臣”荣誉称号和国家煤矿安全监察局、中国煤炭工业协会等部门组织评选的“感动中国十大杰出矿工”称号。

**三、矿井水灾事故的抢险救灾案例**

2010 年 3 月 28 日山西省华晋焦煤有限责任公司某煤矿发生透水事故，事故发生时当班下井 261 人，升井 108 人，有 153 人被困井下。经全力抢险，115 人获救，井下 38 人遇难。

1. 矿井概况

该煤矿项目是由设计生产能力 600 万 t/a 的矿井、入洗原煤 600 万 t/a 的选煤厂、2×5 万 kW 的综合利用电厂（热电联供）和铁路专用线构成的循环经济综合建设项目。项目总投资（动态）231 134 万元，建设工期 33 个月。联合工业场地选在山西省河津市固镇村村西，矿井采用平硐开拓方案。

2. 事故情况

2010 年 3 月 28 日 13:40，该煤矿北翼盘区 101 回风顺槽发生透水事故，初步判断为小窑老空水。

3. 救援情况

(1) 高度关注。事发当天，胡锦涛总书记就作出批示，要求采取有力措施，千方百计抢救井下人员，严防发生次生事故。接到事故报告后，温家宝总理多次作出批示，要求尽快摸清井下情况，加大排水力度，坚定信心，周密组织，千方百计、争分夺秒、全力以赴地救人。事发当晚，张德江副总理紧急赶赴煤矿透水事故现场，指导事故抢险救援工作。

(2) 快速响应。救援指挥部即日迅速成立，下设抢救、医疗、宣传、善后处理等小组。

(3) 科学决策。29 日 0:20 的紧急现场会作出三项决策：① 抽水救人，以最大努力调集设备，以最快速度安装，以最大能力排水；② 通风救人，向井下强压通风，为井下被困人员提供生存支持；③ 科学救人，成立专家组，以最快的速度、最有效的办法进行抢救。

(4) 多方支援。事发地临汾、运城两市，乡宁、河津两县，以及西山煤电、汾西矿业、霍州煤电等山西省内大型煤矿企业，第一时间组建 7 支矿山救护队，快速进场抢险。河南、陕西等邻省也根据指挥部需要，陆续派出救援力量。

(5) 坚持不懈。"黄金救援时间"的 72 h 过后，在多方努力下仍然不断有被困工人被救出，截至 4 月 5 日 15:40，救援工作整整开展了 8 日 8 夜后，最后一批矿工被成功救出。

救援队先后下井 2 000 余人次，累积排水量 18 万余立方米，水位下降 16 m。

**四、立胜煤矿 1·5 特别重大火灾事故**

2010 年 1 月 5 日，湘潭市湘潭县谭家山镇立胜煤矿发生一起特别重大火灾事故，造成 34 人死亡，直接经济损失 2 962 万元。

1. 立胜煤矿基本情况

立胜煤矿属湖南省人民政府批准保留的技改扩能矿井。2009 年 2 月，立胜煤矿被批准预扩界后，进行技术改造。截止到事故发生时，该矿除完成行人斜井修复，暗斜井掘至 −140 m 标高外，其他技改工程尚未动工，也未按照批复要求关闭不予利用的中间立井和东井。

2. 事故发生、救援情况

1月5日中班，该矿共安排85人从主立井入井，分布在：东井生产区域33人，西井生产区域30人，中间立井生产区域12人，技改暗斜井区域10人。12时5分，中间立井停电，－240 m水平推车工刘兴怀向中间立井三道暗立井井底走去的途中闻到橡胶味，并见到烟雾，到三道暗立井底看到暗立井内吊箩上方电缆着火，他叫西井绞车司机马健春向调度室报告后，随即升井。马健春报告调度室后，与刘帜征一起到三道暗立井察看火情时，看到吊箩、电缆、塑料管、木支架燃烧，火势越来越大，然后他们2人与其他6名作业人员一起安全升井。12时30分，西井带班班长唐建安在－500 m水平发现烟雾、橡胶烧焦气味后，立即通知各作业地点人员撤离。西井生产区域21名作业人员经湘潭矿业公司四矿－500 m水平八石门逃生。技改暗斜井作业区域、中间立井、东井生产区域共13人经主立井安全升井。另外，值班矿长王光荣、中间立井2名辅助作业人员、东井5名作业人员等8人在事故发生前已升井。至此，事故当班下井的85人中，安全升井和逃生51人，共有34人被困井下。

矿调度室接到中间立井三道暗立井电缆着火报告后，生产副矿长陈立金带领有关人员入井观察，即向调度室报告井下灾情，要求召请救护队救援。13时30分，矿方向镇安监站报告了事故情况；13时42分，镇安监站向镇领导和县有关部门作了报告。13时43分，矿方召请湘潭矿业公司救护队救援。

接到事故报告后，湘潭市委市政府、湘潭县委县政府迅速成立了事故救援指挥部，立即开展事故救援工作。从湘潭、长沙、娄底等地调集了5支救援队伍，迅速投入救援工作。15时30分，湘潭矿业公司救护队赶到事故现场，立即开展井下救援工作，随后其他救护队相继赶到参与救援。到1月6日9时10分，救护队先后搜寻到25名遇难矿工遗体。

救援人员对灾区有害气体进行检测时，发现井下有害气体浓度逐渐升高。1 月 6 日 19 时 10 分，−240 m 水平火区附近一氧化碳浓度高达 7 000 ppm，甲烷浓度为 5.1%，温度为 63 ℃，随时有瓦斯爆炸危险。1 月 7 日上午，事故救援指挥部为防止发生次生事故，经组织专家论证，决定暂停井下搜救工作；为防止立胜煤矿发生瓦斯爆炸波及相邻矿井，决定先封闭湘潭矿业公司四矿−450 m 水平和−500 m 水平与立胜煤矿联通的通风口，并于 1 月 8 日实施了封闭。根据井下灾情变化，于 1 月 9 日凌晨对地面 5 个井口实施了密闭。

**五、安利来煤矿冒顶事故**

2012 年 7 月 25 日 18 时 26 分，位于贵州省黔西南州普安县境内的湖北宜化安利来煤矿 11806 掘进工作面距迎头 49 m 处发生冒顶，造成 5 人被困；事故发生后，该矿隐瞒不报，自行组织抢救。7 月 26 日 14 时 15 分，在距第一次冒顶处向外 35 m 处又发生第二次大面积冒顶，造成参与抢险救援的 153 人中的 53 人被困。7 月 26 日 14 时 25 分，经群众举报，当地政府组织全力救援。至 7 月 26 日 20 时 30 分，第二次冒顶被困的 53 人全部成功救出；29 日 19 时 27 分，第一次冒顶被困 97 小时的 5 名矿工也全部成功获救。这起事故抢险救援是十分成功的，但教训也十分深刻。

该矿隶属于湖北宜化集团贵州宜化控股公司新宜矿业(集团)有限公司，证照齐全。发生事故的 11806 掘进工作面采用综掘机掘进，已掘长度 516 m，支护方式为锚网加钢带。

据初步分析，事故原因为：安利来煤矿 11806 运输巷处于巷道应力集中区域，巷道支护设计不合理，施工质量不合格，现场管理不到位，顶板冒落，导致作业人员被困。该事故暴露出的主要问题：

(1) 企业安全意识淡薄，对顶板管理存在的严重问题认识不足，现场施工未按规程作业且质量较差，整个巷道没打锚索，部分工字钢棚既无撑木又无拉杆，未形成整体支护功能。

(2) 没有采取有效措施治理存在的重大隐患,在存在多处严重片帮、巷道超宽无支护的情况下,未采取有效措施治理,冒险施工作业,严重违规违章。

(3) 技术管理薄弱,巷道基本布置在上层煤柱之下,且不采取加固措施;地质情况发生重大变化后未修改作业规程等。

(4) 该矿违法瞒报事故。

(5) 盲目组织施救,第一次冒顶后,没有采取保障救援人员安全的措施,盲目组织大量人员施救,造成53名施救人员被困,险些造成重大人员伤亡。

# 思 考 题

1. 按行业生产特点煤矿事故可分为哪几类?
2. 抢救伤员的"三先三后"原则是什么?
3. 井下避灾自救的基本原则是什么?
4. 简述瓦斯爆炸时的自救、互救和避灾方法。
5. 简述采煤工作面冒顶事故的自救互救的方法。
6. 简述化学氧自救器的使用程序和注意事项。
7. 中毒人员应如何急救?
8. 溺水人员应如何急救?
9. 对触电者应如何急救?
10. 简述手压止血法的要点。
11. 简述三角巾包扎法的一般要点。
12. 简述包扎的注意事项。
13. 简述上肢骨折固定的方法。
14. 简述搬运伤员时的注意事项。

# 第八章　现场参观与基本技能训练

## 第一节　下井参观

目的:熟悉井下作业环境。

类型:现场参观。

地点:本矿的生产矿井。

### 一、下井参观时的注意事项

(1) 服从指挥,听从安排,不擅作主张,不擅自行动。

(2) 穿戴好工作服、矿帽、防爆矿灯,携带自救器(部分一线干部要携带瓦斯报警器)。

(3) 检查火机、火柴等危险火源。

(4) 上下矿井时,坐人车要系安全链条。坐皮带要保持 4.5 m 以上的距离,以分散皮带承受的重量;勿乱伸手,特别是会车时;勿打闹。

(5) 在矿井中行走应尽量走人行道,不要乱走,以免误入能使人窒息的地方。

(6) 不得触摸机电设备和线路,凡有电机车架线的巷道,不得肩扛任何金属物件,以免触电,特别是顶较低的巷道,要注意头顶的电机车架线。

### 二、熟悉井下环境

(1) 安全出口。每个矿井必须有 2 个能行人的通到地面的安全出口,出口的间距不小于 30 m;井下各开采水平、各个采区、各个采煤工作面都必须至少有2个便于行人的安全出口。

(2) 路标。在井下岔道口或拐弯处有路标,标明了巷道名称、长度,并用箭头指明通向安全出口的方向。

(3) 井下信号设备。井下有各种信号,包括工作信号和安全信号,如灯、铃、笛等声光信号,每个信号都有明确的规定。

(4) 井下安全标志。井下安全标志按功能可分为禁止标志、警告标志、指令标志、路标、铭牌、提示标志等。每个井下工作人员都要熟悉和理解安全标志的含义,按标志指示行动。

## 三、熟悉井下电气设备

井下电气设备繁多,需持有安全操作资格证才能操作。井下工作人员应注意如下事项:

(1) 不许随意破坏设备和带电挪动设备。

(2) 非工作人员不得擅入井下变电所等机电硐室。

## 四、熟悉采掘工作面

井下采掘工作面是煤炭生产的工作场所,由于空间小、人员多、设备集中,工作人员一定要站在安全位置,防止顶板事故伤害。

## 五、熟悉矿井通风设施

(1) 隔断风流的设施。主要有风门、风墙(密闭)等。

(2) 通过风流的设施。主要有风桥、风硐等。

(3) 调节分流的设施。主要有调节风窗等。

## 六、熟悉避灾设施

(1) 避灾路线。避灾路线是当井下发生事故灾害时人员撤退的路线,路线上都挂有路标,路标上标有出井的方向,只要沿路标所指方向撤退就能出井。

(2) 永久避难硐室。主要设在井底车场附近和采区安全出口的线路上。

(3) 临时避难硐室。利用独头巷道,用板皮、风筒布等挡住有害气体,防止人中毒。

## 第二节　常见危险因素辨识

目的:辨识本矿常见危险因素。

类型:模拟座谈。

地点:实验室内。

方法:老师把本班培训学员分成若干组,结合本矿的实际情况分别对每个组提出问题,由每组学员集体作答,答对记分。小组间也要互相提问题,并记录分数。最后统计各小组得分,进行评比。

### 一、瓦斯爆炸事故常发点辨识

防止瓦斯和煤尘爆炸事故发生的根本措施是:防止瓦斯和煤尘在空气中的浓度达到爆炸极限浓度和严格控制引爆源。较容易发生瓦斯积聚的场所(地点)主要有:

(1) 井下采煤工作面的上(下)隅角。

(2) 高瓦斯煤层的煤巷掘进工作面。

(3) 井下工作面的采空区。

(4) 高瓦斯煤层工作面的冒落区。

(5) 发生瓦斯突出后的瓦斯积聚区。

(6) 井下独头掘进煤巷工作面。

(7) 通风不良的井下其他场所。

### 二、煤与瓦斯突出事故隐患辨识

煤与瓦斯突出的发生地点以掘进工作面居多,一般发生在断层带、破碎带、煤层厚度变化带、褶曲等地点。煤与瓦斯突出的主要预兆有:

(1) 煤层结构变化,层理紊乱,煤层厚度变化、倾角由小变大,煤层由湿变干、光泽暗淡,顶底板出现新断层、波状起伏。

(2) 工作面压力增大,煤壁外鼓。

(3) 瓦斯涌出量增大,或忽大忽小,工作面气温变低。

(4) 响煤炮(深部岩层或煤层的破裂声)、掉渣声、支架折断声。

(5) 有时还可听到气体穿过含水裂缝的“嘶嘶”声。

发现任何预兆都要特别警惕,及时报告,并立即撤出危险区。

## 三、矿井顶板事故隐患辨识

顶板冒落的主要预兆有:

(1) 响声。顶板压力增大时,会发出顶板岩石断裂声,活柱下缩声,特别是木支柱的劈裂声更明显。

(2) 掉渣。顶板严重破碎时,出现顶板掉渣现象,掉渣越多,说明顶板压力越大,越危险。

(3) 片帮。冒顶前煤壁或巷道帮所承受的支承压力增大,煤变松软,片帮比平时增多,甚至还有煤(岩)的压出和突出。

(4) 裂隙。一旦出现新的裂隙或裂隙加宽加深时,就会有冒顶的可能。

(5) 漏顶。破碎的伪顶或直接顶,在大面积冒落之前,有时会因背顶不严或支架不牢出现漏顶现象。

(6) 脱层(离层)。顶板将要冒落时,往往会出现顶板脱层现象,就是下层岩石与上层岩石脱层,敲帮问顶时能听到“空空”声。

(7) 淋水增大。

(8) 瓦斯及各种有害气体浓度增大。

上述现象出现其中之一,就要特别注意发生冒顶事故,应立即撤出火区。

## 四、矿井火灾事故隐患辨识

煤自燃火灾主要发生在断层附近,采煤工作面的进风、回风巷,切眼,停采线附近,煤柱附近,破碎的煤壁,煤巷冒高处,假顶工作面,密闭墙内,溜煤眼,联络巷,浮煤堆积处等地点。人能够直接感觉到的矿井火灾事故预兆有:

(1) 视力感觉:雾气、“挂汗”。

(2) 气味感觉:煤油、汽油、松节油或焦油气味出现,这是煤自燃火灾最可靠的预兆。

(3) 冷热感觉:煤温、岩温、气温以及灾区流出的水的温度升高。

(4) 疲劳感觉:人体感觉不适,感到头痛、闷热、憋气、疲劳、四肢无力等。其原因是空气中缺氧,以及二氧化碳等有害气体浓度增加。

上述现象中只要出现一个,就应立即撤出灾区,不能有任何延迟。

## 五、矿井水灾事故隐患辨识

矿井突水的主要预兆包括:煤壁“挂汗”、煤壁“挂红”、空气变冷、出现雾气、发出“嘶嘶”水叫、底板鼓起、矿井水发浑、出现臭味、顶板淋水增大、片帮冒顶等。矿井突水事故的主要易发地点有:

(1) 接近水淹的井巷,老空、老窑的地点。

(2) 接近含水层、导水断层、溶洞、陷落柱的地点。

(3) 接近水文地质复杂地区,并有出水征兆的地点。

(4) 接近灌浆区域,可能出水钻孔的地点。

(5) 打开隔离煤柱放水的地点。

(6) 接近可能与河床、湖泊、水库、蓄水池、水井等相近的断层破碎带。

## 六、材料运输事故隐患辨识

在矿山作业中,特别容易发生材料运输事故的作业有:

(1) 井下的巷道支护及支护拆除作业。

(2) 井下的工作面支护和支护拆除作业。

(3) 材料、矿石的装卸作业。

(4) 材料、矿石的运输作业。

(5) 掘进作业。

(6) 开采作业。

（7）狭窄空间的其他作业。

**七、人员滑跌或坠落事故隐患辨识**

人员滑跌或坠落也是煤矿中容易发生的事故之一。容易发生人员滑跌或坠落的场所主要有：

（1）立井或斜井的人行道。

（2）立井或斜井的平台。

（3）积水的采、掘工作面。

（4）倾角较大的采、掘工作面。

## 第三节　灭火器的使用训练

目的：掌握灭火器的使用方法。

类型：模拟现场演练。

地点：室外宽敞的空地。

**一、井下灭火器的配置**

《煤矿安全规程》第二百二十三条规定：电焊、气焊和喷灯焊接等工作地点应至少备有 2 个灭火器。

《煤矿安全规程》第二百二十六条规定：井下爆炸材料库、机电设备硐室、检修硐室、材料库、井底车场、使用带式输送机或液力耦合器的巷道以及采掘工作面附近的巷道中，应备有灭火器材，其数量、规格和存放地点，应在灾害预防和处理计划中确定。井下工作人员必须熟悉灭火器材的使用方法，并熟悉本职工作区域内灭火器材的存放地点。

《煤矿安全规程》第三百五十条规定：采用矿用防爆型柴油动力装置时，必须配置适宜的灭火器。

**二、手提式干粉灭火器的性能**

干粉灭火器：是利用氮气作动力，将干粉从喷嘴内喷出，形成一股雾状粉流，射向燃烧物质来灭火。手提式干粉灭火器适用于易燃、可燃液体、气体及带电设备的初起火灾,还可扑救固体类物质的初起火灾,但不能扑救金属燃烧火灾。手提式干粉灭火器如图 8-1 所示,其性能如表 8-1 所列。

图 8-1　手提式干粉灭火器

**表 8-1　　手提式干粉灭火器主要技术参数**

| 型号 | 灭火器重量/kg | 充装压力/MPa | 有效喷射距离/m | 有效喷射时间/s | 灭火级别 | 使用温度/℃ |
|---|---|---|---|---|---|---|
| MFZL1 | 1±0.05 | 1.2 | ≥3.0 | ≥8.0 | 1A,2B | −20～+55 |
| MFZL2 | 2±0.06 | 1.2 | ≥3.0 | ≥8.0 | 1A,3B | −20～+55 |
| MFZL3 | 3±0.08 | 1.2 | ≥3.0 | ≥8.0 | 2A,5B | −20～+55 |
| MFZL4 | 4±0.08 | 1.2 | ≥3.0 | ≥8.0 | 2A,9B | −20～+55 |
| MFZL5 | 5±0.10 | 1.2 | ≥3.5 | ≥8.0 | 3A,14B | −20～+55 |
| MFZL8 | 8±0.16 | 1.2 | ≥5.0 | ≥8.0 | 4A,22B | −20～+55 |

注:上述技术参数是在(20±5)℃的值。

## 三、使用方法

使用手提式干粉灭火器的步骤是:

(1) 用手握着压把,将灭火器从存放地点提取到灭火现场。

（2）撕去头上铅封，拔去保险销。

（3）一只手握住胶管，将喷嘴对准火焰的根部，另一只手按下压把或提起拉环，干粉即可喷出灭火。

（4）喷粉要由近而远，向前平推，左右横扫，不使火焰窜回。

（5）查看余火是否熄灭。

手提式干粉灭火器的使用方法如图 8-2 所示。

图 8-2　手提式干粉灭火器的使用

## 四、注意事项

（1）灭火器应放在干燥、无腐蚀性气体的场所，不得用火烤或碰撞。

（2）经常检查灭火器的内部压力，发现压力表指针低于缘线时应补充驱动气体，保证每年维修一次。灭火器的维修工作应由专业部门承担，在重新充装前应做水压试验。

（3）拆卸灭火器前，必须进行卸压。

灭火器使用时应垂直操作，切勿横卧或倒置。

（4）演练注意事项。① 演练场地周围没有可燃物，消除意外起火的可能；② 点火时必须保证安全和控制火势；③ 为了安全起见，每一名演练人员都应该有一名持灭火器人员做后备；④ 参演人员可以成对演练，与同伴一起灭火；⑤ 演练结束，要确保火一定熄灭。

表 8-2 为干粉灭火器实操训练考核表，训练中可根据表 8-2 中所列标准为学员打分，以表扬优秀的。不及格者可以在优秀学员或老师的指导下继续练习直至合格。

**表 8-2　　干粉灭火器实操训练考核表**

考核人所在单位：　　考核人签名：　用时：　考核教师签名：

| 实操考核步骤 | 实操考核内容 | 评分标准 | 项目分值 | 扣分原因 | 考核得分 | 备注 |
|---|---|---|---|---|---|---|
| 一、取自救器到着火点 | 右手握着压把，将灭火器提到火灾现场，下颠倒几次使筒内干粉松动 | 提取灭火器部位合适，5 分；以正确的方向迅速到达现场，5 分；上下颠倒灭火器，10 分 | 20 | | | |
| 二、开启保险销 | 除去铅封，拔掉保险销 | 除去铅封 10 分；拔掉保险销，10 分 | 20 | | | |
| 三、提压把、握喷管 | 一手提着压把，另一手握着喷管 | 灭火器提好，10 分；喷管握好，10 分 | 20 | | | |
| 四、均匀灭火 | 在距火焰 2～3 m 处站立，一手用力按下压把，一手握喷管，摆动喷管均匀灭火 | 站立位置合适，10 分；喷射方法正确，10 分；火焰有效熄灭，10 分 | 30 | | | |
| 五、查看余火 | 灭火后，查看着火点是否有余火，若有确保熄灭 | 是否查看余火，5 分；火彻底熄灭，5 分 | 10 | | | |
| 合 计 | | | 100 | | | |

## 第四节　井下紧急疏散训练

目的:使煤矿从业人员掌握灾变时紧急疏散的路线。

类型:现场演练。

地点:从采掘工作面通过矿井安全出口撤退到地面。

**一、撤退路线**

(1) 当模拟瓦斯、煤尘爆炸或火灾时,位于灾区进风侧的人员可逆风撤退到安全地点,位于灾区回风侧的人员可逆风冲过灾区撤退到新鲜风流中。

(2) 强行冲过灾区撤离危险时,选择最近路线撤退到新鲜风流中。

(3) 模拟透水事故时,人员可背离水流方向撤退到高处脱险。

**二、升井方式**

撤退人员应通过矿井安全出口,只能是爬立井的梯子间或在斜井、平巷中行走撤退到地面,不能乘坐提升设备。

**三、注意事项**

(1) 下井前人员休息好,穿好工作服,带全各种劳动保护用品和自救器、矿灯等必需品,必要时带上干粮和饮用水。

(2) 根据参加训练人数配备若干名安检员或老工人带队。

(3) 教员应随同演练人员一同行动,随时回答演练人员的提问并观察演练人员的表现,保证演练过程顺利、方法正确、安全。

(4) 若模拟瓦斯煤尘爆炸事故,必须正确佩戴自救器。

## 第五节　自救器的使用训练

目的:使煤矿从业人员熟练掌握自救器的使用方法。

类型:操作演练。

地点:教室室内。

1. 演练要求

要求在 30 s 内完成操作。

2. 使用方法

(1) 扯开封口带。

(2) 分盒。

(3) 拉开启动装置。

(4) 套背带。

(5) 咬口具。

(6) 上鼻夹。

(7) 绑腰带。

(8) 绑头带。

3. 注意事项

(1) 扔掉上部外壳,下部外壳留用。

(2) 咬口具前将气囊吹鼓。

(3) 升温为正常现象,不可因发热而取掉口具。

(4) 行走时不可惊慌,呼吸要均匀。

(5) 未到达安全地点,不可取下口具,并牢记使用时间。

(6) 保管时远离火源、热源等 15 m 以上。

ZH30D 型隔离式化学氧自救器实操考核情况见表 8-3。

## 第六节 创伤急救训练

目的:学会制作简易担架,学会用担架搬运伤员。

类型:室外模拟演练。

地点:室外空阔的草地上。

### 一、制作简易担架

在煤矿井下,工人如果发生意外受伤,通常情况下现场是没有

表 8-3 **ZH30D 型隔离式化学氧自救器实操考核表**

考核人所在单位： 考核人签名： 用时： 考核教师签名：

| 实操考核步骤 | 实操考核内容 | 评分标准 | 项目分值 | 扣分原因 | 考核得分 | 备注 |
|---|---|---|---|---|---|---|
| 一、自救器的佩戴 | 将专用腰带穿入自救器腰带内卡与腰带外卡之间，固定在背部右侧腰间 | 将专用腰带穿入自救器腰带内卡与腰带外卡之间 3 分，固定在背部右侧腰间 2 分。每项位置不正确扣 1 分 | 5 | | | |
| 二、开启扳手 | 将自救器沿腰带转到右侧腹前，左手托底，右手下拉护罩片，使护罩挂钩脱离壳体并扔掉护罩片，再用右手掰锁口带扳手至封印条断开后，丢掉锁口带 | 将自救器沿腰带转到右侧腹前，左手托底 3 分，右手下拉护罩片，使护罩挂钩脱离壳体并扔掉护罩片 3 分，再用右手掰锁口带扳手至封印条断开后，丢掉锁口带 4 分。每项动作不正确扣 2 分 | 10 | | | |
| 三、去掉上外壳 | 左手抓住下外壳，右手将上外壳用力拔下扔掉 | 左手抓住下外壳 5 分，右手将上外壳用力拔下扔掉 5 分。每项动作不正确扣 2 分 | 10 | | | |
| 四、套上挎带 | 将挎带组套在脖子上 | 挎带组套在脖子上 5 分，顺序错扣 3 分，没带扣 5 分 | 5 | | | |
| 五、提起口具立即戴好 | 提起口具，拔出启动针，使气囊鼓起，立即拔掉口具塞并塞入口中，口具片置于唇齿之间，牙齿咬紧牙垫，紧闭嘴唇 | 提起口具，拔出启动针，使气囊鼓起 10 分，立即拔掉口具塞并塞入口中 1 分，口具片置于唇齿之间，牙齿咬紧牙垫，紧闭嘴唇 15 分。每缺一项扣除该项所对应的分值，未拔出启动针扣 15 分，顺序错扣 20 分，未拔口具塞入口中或未带口具该项不得分 | 35 | | | |
| 六、夹好鼻夹 | 两手同时抓住两个鼻夹垫的圆柱形把柄，将弹簧拉开，憋住一口气，使鼻夹垫准确地夹住鼻子 | 两手同时抓住两个鼻夹垫的圆柱形把柄 10 分，将弹簧拉开 10 分，憋住一口气，使鼻夹垫准确地夹住鼻子 10 分。未夹好鼻夹该项不得分 | 30 | | | |
| 七、调整好挎带 | 调整好挎带，系在小圆环上 | 调整好挎带 2 分，系在小圆环上 3 分 | 5 | | | |
| 合　计 | | | 100 | | | |

专门的医用担架的，这就需要煤矿工人会从现场选取合适的材料制作简易担架，进行伤员搬运。

训练前，教师组织学员找来木板、木棍、绳子、风筒布、塑料网、毛毯等废旧材料，杂乱地堆积在一起。

把学员6～8人分为一组，每组选出一名组长。由组长组织本组人员从杂乱的材料中选取合适的材料，制作成简易的担架。

教师和组长逐一检查各组制作的担架，评比各组担架的优点和缺点。不合格的担架不能用于搬运伤员。

**二、搬运伤员**

每组选取一名体重中等的学员模拟伤员躺在草地上，组内其他学员对该伤员搬运到指定的地点。

搬运的基本程序如下：

(1) 把担架平放在伤员一侧，两名学员跪在伤员的另一侧，其中一人抱住伤员的颈部和下背部，另一人抱住伤员的臀部和大腿，其他学员在合适的位置协助，平稳地把伤员托起，轻轻放在担架上。

(2) 四名学员把担架抬起，抬起时伤员头在前、脚在后，以便后面人员能看到伤员的表情。其他学员在两侧协助，以防发生意外。

(3) 组长发出出发指令，搬运伤员向目的地前进。搬运过程中动作要轻，脚步要稳，步伐一定要迅速而一致，要避免摇晃和振动，更不能跌倒。

(4) 到达目的地后，轻轻把伤员放到指定位置，动作一定要轻，不能使担架侧翻，更不能使伤员摔在地上。

教师在现场随时对各组的搬运情况进行点评，发现问题和隐患，及时纠正，确保模拟演练人员安全。

到达目的地后，每组可另选一名学员模拟伤员，进行搬运。

整个演练结束后教师对演练情况进行总结，评出最优秀的小组。

# 思　考　题

1. 煤与瓦斯突出的预兆主要有哪些？
2. 顶板冒落的预兆主要有哪些？
3. 简述手提式干粉灭火器的使用方法。
4. 简述使用自救器的注意事项。

# 附　录
# 煤矿井下从业人员安全知识考试题库

## 一、判断题

1. 从业人员应当牢固树立安全第一的思想,不安全不生产。（　）
2. 从业人员在享受安全生产权利的同时,也必须依法履行安全生产的义务。（　）
3. 从业人员应积极参加工会组织的对本企业安全生产工作的民主管理和民主监督。（　）
4. 煤矿企业应当对从业人员进行安全生产教育和培训,保证从业人员具备必要的安全生产知识,熟悉有关的安全生产规章制度和安全操作规程,掌握本岗位的安全操作技能,了解事故应急处理措施,知悉自身在安全生产方面的权利和义务。（　）
5. 未经安全生产教育和培训合格的从业人员不得上岗作业。（　）
6. 煤矿企业有权安排未对其进行安全生产教育培训的从业人员上岗作业,从业人员不得拒绝。（　）
7. 生产经营单位采用新工艺、新技术、新材料或者使用新设备,需要对从业人员进行专门的安全生产教育和培训。（　）
8. 煤矿企业为从业人员配备的劳动防护用品、用具,可适当向从业人员收取一定的费用。（　）
9. 煤矿企业与从业人员订立的劳动合同,应当载明有关保障从业人员劳动安全、防止职业危害的事项,以及依法为从业人员办理工伤社会保险的事项。（　）

10. 煤矿企业可以与从业人员订立协议，免除其对从业人员因生产安全事故伤亡依法应承担的责任。（　）
11. 从业人员无权了解其作业场所和工作岗位存在的危险因素、防范措施及事故应急措施。（　）
12. 从业人员有权对本企业安全生产工作中存在的问题提出批评、检举、控告。（　）
13. 从业人员有权拒绝违章指挥和强令冒险作业。（　）
14. 煤矿企业不得因从业人员对本企业安全生产工作提出批评、检举、控告或者拒绝违章指挥、强令冒险作业而降低其工资、福利等待遇或者解除与其订立的劳动合同。（　）
15. 从业人员发现直接危及人身安全的紧急情况时，要留部分人员采取措施，不得擅自撤离作业场所。（　）
16. 因生产安全事故受到损害的从业人员，除依法享有工伤社会保险外，依照有关民事法律，有权向本单位提出赔偿要求。（　）
17. 从业人员在作业过程中，应当严格遵守本单位的安全生产规章制度和操作规程，服从管理。（　）
18. 从业人员有权对本单位的安全生产工作提出建议。（　）
19. 从业人员应当接受安全生产教育和培训，掌握本职工作所需的安全生产知识，提高安全生产技能，增强事故预防和应急处理能力。（　）
20. 从业人员发现事故隐患或者其他不安全因素，应当立即向现场安全生产管理人员或者本单位负责人报告。（　）
21. 煤矿企业的从业人员不服从管理，违反安全生产规章制度或者操作规程的，由煤矿企业给予批评教育，依照有关规章制度给予处分。（　）
22. 煤矿企业应当向从业人员告知职业危害因素及应急处理方案。（　）

23. 从业人员依法享有劳动安全卫生保护的权利。（　）

24. 依法订立的劳动合同具有法律约束力，当事人必须履行劳动合同规定的义务。（　）

25. 违反法律、行政法规的劳动合同和采取欺诈、威胁等手段订立的劳动合同为无效的劳动合同，没有法律约束力。（　）

26. 煤矿企业未按照劳动合同约定支付劳动报酬或提供劳动条件的，从业人员不可以解除劳动合同。（　）

27. 煤矿企业招用劳动者时，要如实告知劳动者工作内容、工作条件、工作地点、职业危害、安全生产状况、劳动报酬，以及劳动者要求了解的其他情况。（　）

28. 煤矿企业以暴力、威胁或者非法限制人身自由的手段强迫劳动者劳动的，劳动者可以立即解除劳动合同，不需事先告知用人单位。（　）

29. 煤矿企业可以以实物形式按月支付给劳动者工资。（　）

30. 从业人员在生产、作业中违反有关安全管理的规定，因而发生重大伤亡事故或者造成其他严重后果的，处三年以下有期徒刑或者拘役；情节特别恶劣的，处三年以上七年以下有期徒刑。（　）

31. 劳动合同期限一年以上不满三年的，试用期不得超过二个月；三年以上固定期限和无固定期限的劳动合同，试用期不得超过六个月。（　）

32. 劳动者在试用期的工资可以低于用人单位所在地的最低工资标准。（　）

33. 从业人员拒绝用人单位管理人员违章指挥、强令冒险作业的，不视为违反劳动合同。（　）

34. 在工作时间和工作岗位，突发疾病死亡或者在 48 h 之内经抢救无效死亡的，应当视同为工伤。（　）

35. 在上下班途中，受到机动车事故伤害的，应认定为工伤。（　）

36. 煤矿企业对新招入矿的人员可以直接安排从事生产作业活动。（　　）

37.《煤矿矿长保护矿工生命安全七条规定》是为了明确煤矿矿长保护煤矿作业人员生命的责任和措施。（　　）

38. 煤矿企业应当免费为每位职工发放煤矿职工安全手册。（　　）

39. 从业人员在作业过程中应当正确佩戴和使用劳动防护用品。（　　）

40. 煤矿企业应保证从业人员了解事故应急处理措施，知悉自身在安全生产方面的权利和义务。（　　）

41. 从业人员对危害其生命安全的行为，无权提出控告。（　　）

42. 安全生产事故都是可以预防的。（　　）

43. 所有煤矿企业从业人员必须经考试合格后持证上岗。（　　）

44. 煤矿企业从业人员必须身体健康，无职业禁忌症。（　　）

45. 煤矿企业从业人员必须年满 16 周岁且不超过国家法定退休年龄。（　　）

46. 煤矿企业从业人员必须具有初中及以上文化程度。（　　）

47. 煤矿应当建立井下作业人员实习制度。（　　）

48. 新招入矿的井下作业人员实习期满 3 个月后，方可独立上岗作业。（　　）

49. 对接触职业危害的从业人员，煤矿企业应按照国家有关规定组织上岗前和离岗时的职业健康检查，在岗期间则不必进行职业健康检查。（　　）

50. 煤矿企业从业人员调整工作岗位可以不接受安全培训即可重新上岗。（　　）

51. 煤矿企业从业人员离开本岗位 2 年内可以不接受安全培训即可重新上岗。（　　）

52. 从业人员入井前，应具备煤矿井下作业的安全生产基本知识，需要休息好，注意饮食，精力充沛，高高兴兴下井。（　　）

53. 从业人员入井前都必须参加班前会,熟知本班作业任务、操作规程及安全注意事项。 ( )

54. 入井前应穿好工作服,戴好安全帽,穿好胶靴鞋,戴好矿灯。 ( )

55. 每一个入井人员必须随身佩戴自救器。 ( )

56. 严禁携带烟火入井。 ( )

57. 入井人员必须随身携带身份识别卡,身份识别卡严禁损坏。 ( )

58. 从业人员可以携带家用手机和电子随身听设备到井下。 ( )

59. 从业人员可以穿化纤衣服下井。 ( )

60. 从业人员可以搭乘运输煤炭、物料的矿车。 ( )

61. 从业人员可随意进入机电硐室参观、休息。 ( )

62. 从业人员可以爬、乘井巷中运行的车辆。 ( )

63. 矿帽可保护头部免遭垮落的小块煤岩击伤,也可减少不小心碰到支架及其他坚硬物体的伤害。 ( )

64. 从业人员入井凭灯牌到矿灯房规定窗口领灯,领到矿灯后要仔细检查,若发现问题要及时更换。 ( )

65. 从业人员乘车时必须遵守乘车规定,听从司机及乘务人员指挥。 ( )

66. 从业人员升井时可以乘坐运送物料的空矿车。 ( )

67. 从业人员乘车时身体和所携带工具可以露出车外。 ( )

68. 从业人员应自觉接受井口安检人员的检身。 ( )

69. 从业人员在运输大巷行走时应走人行道,严禁在轨道中间行走。 ( )

70. 乘坐罐笼、平巷、斜巷人车应服从指挥,按先后次序入罐上车。 ( )

71. 携带长工具通过架线电机车巷时,长工具不准扛在肩上行走,

以防触电。（　）

72. 从业人员通过装有绞车的提升斜巷，必须严格遵守“行车不行人，行人不行车”的制度。（　）

73. 井下人员可以在刮板输送机上行走。（　）

74. 从业人员乘坐罐笼时，要站稳扶牢，不准将头、手、脚等身体任何部位及工具等伸到外面去。（　）

75. 从业人员出井后可将矿灯带回宿舍，用来夜间临时照明。（　）

76. 从业人员应熟悉井下常用信号、安全标志、安全出口、避灾路线。（　）

77. “三违”是指煤矿从业人员在生产过程中所发生的违章指挥、违章作业（操作）和违反劳动纪律的行为。（　）

78. 从业人员要服从班组安全管理、认真落实岗位安全生产责任制，规范作业。（　）

79. 严禁进入采空区、盲巷和废旧井巷。（　）

80. 不良情绪是导致行为失误、引起事故发生的重要因素之一。（　）

81. 严禁随意移动井巷内的机电设备和信号装置。（　）

82. 不便于携带的工具，下班时可存放在盲巷或采空区。（　）

83. 从业人员严禁任意移动井下安全监测系统中的各类传感器。（　）

84. 挂有“禁止通行”或危险警告标志牌板的地方，如果没有栏杆挡着，就可以进入。（　）

85. 煤矿从业人员要养成“手指口述”的安全操作行为习惯。（　）

86. 矿井为了排出地下涌水，必须建立排水系统。（　）

87. 在有地质构造、岩层破碎的地方必须加强支护。（　）

88. 采、掘工作面必须有新鲜、足够的风流。（　）

89. 断层破碎带可能积聚瓦斯，容易造成瓦斯事故。（　）

90. 煤矿井下的所有爆破作业,必须使用煤矿许用炸药。 ( )
91. 井下爆破时,应设置警戒区,从业人员应听从指挥,撤到安全地点。 ( )
92. 巷道支护的目的是阻止巷道围岩变形和垮落,防止顶板事故发生。 ( )
93. 采煤工作面遇坚硬顶板,容易出现采空区顶板大面积悬露,这时需要强制放顶,以保安全。 ( )
94. 采煤工作面必须严格按作业规程的规定及时支护,严禁空顶作业。 ( )
95. 瓦斯是无色、无味、无臭的可燃性气体。 ( )
96. 矿井必须采用机械通风,并有完整的通风系统。 ( )
97. 矿井可以采用自然通风的方式进行通风。 ( )
98. 不得使用1台局部通风机同时向2个作业的掘进工作面供风。 ( )
99. 煤层顶板可分为伪顶、直接顶和基本顶。 ( )
100. 直接顶是指位于煤层或伪顶之上,具有一定的稳定性,移架或回柱后能自行垮落的岩层。 ( )
101. 正规采煤工作面应采用局部通风机通风。 ( )
102. 每一个生产水平和采区,必须有单独的回风巷。 ( )
103. 通风构筑物主要有风门、风墙、风桥、风窗和风硐等。 ( )
104. 矿井通风可以有效地稀释和排除井下有害气体和矿尘。 ( )
105. 矿井开采深度越大,矿山压力越大。 ( )
106. 矿井开拓方式主要有立井、斜井、平硐和综合开拓。 ( )
107. 矿井火灾按引火原因可分为内因火灾和外因火灾。电缆和运输皮带着火叫外因火灾。煤炭自燃叫内因火灾。 ( )
108. 矿井必须安装2套同等能力的主要通风机装置,1套工作,另1套作检修备用。 ( )

109. 矿井通风的基本任务之一是供给井下人员呼吸所需要的氧气。（　）

110. 在进、回风巷道的交叉点，为避免风流短路而建造的通风构筑物称为风窗。（　）

111. 按井下同时工作的最多人数计算，每人每分钟供给风量不得少于 4 $m^3$。（　）

112. 采掘工作面的进风流中，氧气浓度不低于 20%。（　）

113. 掘进工作面停风时，不必立即撤出人员，切断电源。（　）

114. 有煤（岩）与瓦斯（二氧化碳）突出危险的采煤工作面不得采用下行通风。（　）

115. 含煤地层中覆盖在煤层上面的岩层称为煤层顶板。（　）

116. 矿井必须从采掘生产管理上采取措施，防止瓦斯积聚；当发生瓦斯积聚时，必须及时处理。（　）

117. 瓦斯爆炸必须同时具备一定的瓦斯浓度、引爆火源和足够的氧气三个条件。（　）

118. 煤矿井下能引爆瓦斯的高温火源主要为爆破时出现的火焰、电气火花、冲击火花、摩擦高温和井下火灾等。（　）

119. 煤尘爆炸必须同时具备的条件是：煤尘本身具有爆炸性、悬浮煤尘具有一定的浓度、一定温度的引燃火源和足够的氧气。（　）

120. 井下可使用灯泡取暖，但严禁使用电炉。（　）

121. 矿井透水事故没有预兆，是不可避免的。（　）

122. “先探后掘”是指先探明巷道前方没有水害威胁后再掘进施工。（　）

123. 采掘工作面接近可能积水的井巷、老空时，应立即停工，由专业人员和专职队伍进行探放水。（　）

124. 井下维修倾斜井巷时，可以上、下段同时作业。（　）

125. 井下作业开工前必须严格执行“敲帮问顶”制度。（　）

126. 井口房和通风机房附近 20 m 内严禁烟火,也不得用火炉取暖。
( )

127. 掘进工作面爆破崩倒、崩坏的支架必须先行修复,之后方可进入工作面作业。 ( )

128. 电气设备着火时,用水扑灭前必须先切断电源。 ( )

129. 井下使用的润滑油、棉纱、布头和纸等,必须存放在盖严的铁桶内。 ( )

130. 井下工作人员可以不熟悉灭火器材的使用方法。 ( )

131. 掘进巷道在揭露老空时,人员可以停留在工作面现场,但要注意安全。 ( )

132. 用架空乘人装置运送人员时,严禁同时运送携带爆炸物品的人员。 ( )

133. 使用刮板输送机运料,经班组长同意可以不制定安全措施。
( )

134. 斜井提升时,严禁蹬钩、行人。 ( )

135. 虽然煤与瓦斯突出的发生很突然,但在突出前大都有预兆。
( )

136. 井巷揭穿含水层、地质构造带时易发生透水事故。 ( )

137. 一个矿井的所有煤层都发现瓦斯,该矿井才是瓦斯矿井。( )

138. 严禁在停风或瓦斯超限的区域内作业。 ( )

139. 没有防尘供水管路的采掘工作面可以安排生产。 ( )

140. 井下所有煤仓和溜煤眼的存煤都应放空,以免影响通风。
( )

141. 炮采工作面,应采取湿式打眼,爆破时可以不使用水炮泥。
( )

142. 必须及时清除巷道中的浮煤,清扫或冲洗沉积煤尘。( )

143. 从业人员发现煤与瓦斯突出预兆时,应立即汇报,但不能停止工作。 ( )

144. 井下从业人员必须熟悉本职工作区域内灭火器材的存放地点。（　）
145. 运送爆破材料可以在交接班和人员上下井的时间内进行。（　）
146. 非专职人员或非值班电气人员不得擅自操作电气设备。（　）
147. 下井人员严禁携带烟草和点火物品。（　）
148. 掘进工作面可以空顶作业。（　）
149. 采煤工作面必须保持至少 2 个安全出口。（　）
150. 采煤工作面严禁在浮煤或浮矸上架设支架。（　）
151. 煤矿应加强入井从业人员培训，使其熟悉各种灾害情况的避灾路线，并能正确使用安全避险设施。（　）
152. 煤矿安全避险“六大系统”是指监测监控系统、人员定位系统、紧急避险系统、压风自救系统、供水施救系统和通信联络系统。（　）
153. 井下紧急避险系统包括临时避难硐室、永久避难硐室和救生舱。（　）
154. 隔离式自救器的作用包括提供氧气防止窒息和防止有害气体中毒。（　）
155. 携带自救器时，应避免碰撞、跌落，禁止将自救器当坐垫用。（　）
156. 如果自救器外壳已意外开启，应停止使用。（　）
157. 在整个逃生过程中要注意把口具、鼻夹戴好，保证不漏气。（　）
158. 从业人员使用自救器时发现呼气时气囊瘪而不鼓，并渐渐缩小时，表明自救器的使用时间已接近终点，要做好应急准备。（　）
159. 自救器不能使用或失效时，应跑步前行至安全地点。（　）
160. 自救器不能使用或失效时，应首先用干毛巾捂住口鼻，俯身

前行至安全地点。 （ ）

161. 发生煤矿灾害事故后，从业人员及时报告灾情后未经领导同意，不得撤离作业场所，应积极参加抢险救灾。 （ ）

162. 发生灾害事故后，事故地点附近的人员应迅速利用最近处的电话或其他方式向矿调度室报告。 （ ）

163. 井下人员一旦遇到瓦斯爆炸时，要背向空气震动的方向，俯卧倒地，面部贴在地面以降低身体高度，避开冲击波的强力冲击，并暂时屏住呼吸，用湿毛巾捂住口鼻，防止把火焰吸入肺部造成内部烧伤。 （ ）

164. 发生爆炸后要辨清方向，应首先沿正确的避灾路线迅速撤退，并在撤退途中佩戴好自救器。 （ ）

165. 发生矿井火灾事故时，位于火源进风侧的人员，应迎着新鲜风流撤退。 （ ）

166. 发生矿井火灾事故时，位于火源下风侧的人员，应迎着新鲜风流撤退。 （ ）

167. 矿井发生透水事故时，撤退时应靠近巷道一侧，尽量避开压力水头和泄水流，防止滚动矸石和木料等撞伤。 （ ）

168. 矿井发生透水事故时，如出口被封无法撤退，应有组织的在原工作地点等待营救。 （ ）

169. 矿井发生透水事故时，在撤退沿途和所经巷道交叉口，留设标志，以提示救护人员的注意。 （ ）

170. 佩戴自救器撤离时，可以通过口具讲话。 （ ）

171. 当矿井有即将发生冒顶征兆时，从业人员应迅速离开危险区，撤退到安全地点。 （ ）

172. 互救是在不顾自身安危的情况下救护他人而采取的措施及方法。 （ ）

173. 井下发生灾害时，撤退路线应尽量选择安全条件最好、距离最短的路线，迅速撤离危险区域。 （ ）

174. 矿井每个入井人员应掌握正确的自救、互救基本知识。（　）
175. 矿井每个入井人员只需学会使用自救器，不必要掌握避灾方法。（　）
176. 自救就是矿井发生灾变事故时，在灾区或受灾变影响区域的人员进行避灾和保护自己而采取的措施及方法。（　）
177. 人工呼吸术、人工胸外心脏按压术是伤员心脏、呼吸骤停所采用的现场最初急救措施。（　）
178. 用止血带止血时，应将止血带紧紧扎在伤口上。（　）
179. 搬运和转送颈部、腰部以及关节、四肢有损伤的伤员时，应先固定，避免弯曲和扭转，以免加重损伤。（　）
180. 转送昏迷的伤员时，应将伤员的头放正。（　）
181. 对脊柱损伤的伤员，必须让伤员试行站立，以判断伤情。（　）
182. 骨折后将骨折肢体在原位固定，是错误的现场急救的方法。（　）
183. 检查伤员的方法有观察、触摸、交谈、包扎。（　）
184. 口对口人工呼吸法是现场急救常用的人工呼吸方法。（　）
185. 毛细血管和静脉出血简单止血方法是：一般用纱布、绷带包扎好伤口，就可以止血。（　）
186. 有人员出现窒息和中毒情况时，应当立即在现场采取救护措施。（　）
187. 煤矿企业应提供符合防治职业病要求的职业病防护设施和个人使用的职业病防护用品，改善工作条件。（　）
188. 产生职业病危害的煤矿企业，应当在醒目位置设置公告栏，公布有关职业病防治的相关内容。（　）
189. 产生严重职业病危害的作业岗位，应当在其醒目位置，设置警示标识和中文警示说明。（　）
190. 煤矿企业应当对从业人员进行上岗前的职业卫生培训和在岗期间的定期职业卫生培训。（　）

191. 从业人员发现职业病危害事故隐患应当及时报告。（ ）

192. 煤矿企业可以安排未经上岗前职业健康检查的劳动者从事接触职业病危害的作业。（ ）

193. 从业人员享有获得职业卫生教育、培训的权利。（ ）

194. 从业人员享有获得职业健康检查、职业病诊疗、康复等职业病防治服务的权利。（ ）

195. 从业人员不需要了解工作场所产生或者可能产生的职业病危害因素、危害后果和应当采取的职业病防护措施。（ ）

196. 从业人员离开用人单位时，有权索取本人职业健康监护档案复印件，用人单位应当如实、无偿提供，并在所提供的复印件上签章。（ ）

197. 从业人员无权拒绝没有职业病防护措施的作业。（ ）

198. 煤矿企业对从事接触职业病危害的作业的从业人员，应当给予适当岗位津贴。（ ）

199. 煤矿企业应当保障职业病病人依法享受国家规定的职业病待遇。（ ）

200. 职业病病人变动工作单位，其依法享有的待遇不变。（ ）

201. 疑似职业病病人在诊断、医学观察期间的费用，由用人单位承担。（ ）

202. 煤矿企业从业人员在工作中，因接触粉尘、放射性物质和其他有毒、有害因素而引起的疾病属于职业病。（ ）

203. 工伤保险待遇包括工伤医疗待遇、伤残待遇、工亡待遇和职业健康监护待遇。（ ）

204. 煤矿企业对检查出的职业病患者，必须按国家规定及时给以治疗、疗养和调离有害作业岗位，并做好健康监护及职业病报告工作。（ ）

205. 从业人员必须在高噪声的条件下工作时，佩戴个人防护用品是保护听觉器官的有效措施。（ ）

206. 粉尘不是煤矿作业场所常见职业病危害因素。 ( )
207. 接触粉尘时间长短和煤矿从业人员的尘肺发病无关。 ( )
208. 是否进行个体防护和煤矿从业人员的尘肺发病无关。 ( )
209. 职业病是可以预防的。 ( )
210. 职业危害因素是指生产劳动过程中，存在于作业环境中的、危害劳动者健康的因素。 ( )
211. 煤矿企业必须对新入矿的从业人员进行职业性安全技能培训，但可以不必对从事职业危害作业的工人进行上岗前体检。 ( )
212. 噪声聋是人们在工作过程中，由于长期暴露噪声而发生的一种听觉损伤，不是我国法定职业病之一。 ( )
213. 从业人员可以在煤矿企业所在地的医疗卫生机构进行职业病诊断。 ( )
214. 煤矿企业在和从业人员订立合同时，从业人员无权知道干的是什么工种，接触的是什么危害因素。 ( )

【答案】

| | | | | |
|---|---|---|---|---|
| 1. √ | 2. √ | 3. √ | 4. √ | 5. √ |
| 6. × | 7. √ | 8. × | 9. √ | 10. × |
| 11. × | 12. √ | 13. √ | 14. √ | 15. × |
| 16. √ | 17. √ | 18. √ | 19. √ | 20. √ |
| 21. √ | 22. √ | 23. √ | 24. √ | 25. √ |
| 26. × | 27. √ | 28. √ | 29. × | 30. √ |
| 31. √ | 32. × | 33. √ | 34. √ | 35. √ |
| 36. × | 37. √ | 38. √ | 39. √ | 40. √ |
| 41. × | 42. √ | 43. √ | 44. √ | 45. × |
| 46. √ | 47. √ | 48. × | 49. × | 50. × |
| 51. × | 52. √ | 53. √ | 54. √ | 55. √ |
| 56. √ | 57. √ | 58. × | 59. × | 60. × |

| | | | | |
|---|---|---|---|---|
| 61. × | 62. × | 63. √ | 64. √ | 65. √ |
| 66. × | 67. × | 68. √ | 69. √ | 70. √ |
| 71. √ | 72. √ | 73. × | 74. √ | 75. × |
| 76. √ | 77. √ | 78. √ | 79. √ | 80. √ |
| 81. √ | 82. × | 83. √ | 84. × | 85. √ |
| 86. √ | 87. √ | 88. √ | 89. √ | 90. √ |
| 91. √ | 92. √ | 93. √ | 94. √ | 95. √ |
| 96. √ | 97. × | 98. √ | 99. √ | 100. √ |
| 101. × | 102. √ | 103. √ | 104. √ | 105. √ |
| 106. √ | 107. √ | 108. × | 109. √ | 110. × |
| 111. √ | 112. √ | 113. × | 114. √ | 115. √ |
| 116. √ | 117. √ | 118. √ | 119. √ | 120. × |
| 121. × | 122. √ | 123. √ | 124. × | 125. √ |
| 126. √ | 127. √ | 128. √ | 129. √ | 130. × |
| 131. × | 132. √ | 133. × | 134. √ | 135. √ |
| 136. √ | 137. × | 138. √ | 139. × | 140. × |
| 141. × | 142. √ | 143. × | 144. √ | 145. × |
| 146. √ | 147. √ | 148. × | 149. √ | 150. √ |
| 151. √ | 152. √ | 153. √ | 154. √ | 155. √ |
| 156. √ | 157. √ | 158. √ | 159. × | 160. × |
| 161. × | 162. √ | 163. √ | 164. × | 165. √ |
| 166. × | 167. √ | 168. × | 169. √ | 170. × |
| 171. √ | 172. × | 173. √ | 174. √ | 175. × |
| 176. √ | 177. √ | 178. × | 179. √ | 180. × |
| 181. × | 182. × | 183. √ | 184. √ | 185. √ |
| 186. × | 187. √ | 188. √ | 189. √ | 190. √ |
| 191. √ | 192. × | 193. √ | 194. √ | 195. × |
| 196. √ | 197. × | 198. √ | 199. √ | 200. √ |

201. √　202. √　203. √　204. √　205. √
206. ×　207. ×　208. ×　209. √　210. √
211. ×　212. ×　213. ×　214. ×

## 二、选择题

1. 煤矿生产建设应当认真贯彻落实(　　)的安全生产方针。
   A. 安全第一,预防为主
   B. 安全第一,预防为主,综合治理
   C. 预防为主,综合治理
2. 以下不属于从业人员安全生产权利的是(　　)。
   A. 调整工作岗位
   B. 对安全工作批评建议
   C. 拒绝违章作业
3. 从业人员发现直接危及人身安全的紧急情况时,(　　)停止作业或者在采取可能的应急措施后撤离作业场所。
   A. 有权　B. 经请示后可　C. 无权
4. 煤矿企业必须依法参加工伤保险,从业人员的保险费由(　　)缴纳。
   A. 个人　B. 企业　C. 政府部门
5. 根据《安全生产法》的规定,对生产安全事故实行(　　)制度。
   A. 协商　B. 责任追究　C. 经济处罚
6. 因工负伤并被确认丧失或者部分丧失劳动能力的,煤矿企业(　　)解除劳动合同。
   A. 可以　B. 不可以　C. 赔偿后可以
7. 煤矿企业应当保证劳动者每周至少休息(　　)。
   A. 2 天　B. 1 天　C. 半天
8. 从业人员可以解除劳动合同,但应当提前(　　)天以书面形式通知用人单位。
   A. 15　B. 30　C. 45

9. 从业人员生病住院不能上班,煤矿企业(　　)解除与之签订的劳动合同。

A. 应该　　B. 可以　　C. 不得

10. 煤矿企业自用工之日起超过一个月不满一年未与劳动者订立书面劳动合同的,应当向从业人员每月支付(　　)倍的工资。

A. 二　　B. 三　　C. 五

11. 从业人员享有(　　)违章指挥和强令进行没有职业病防护措施的作业的权利。

A. 拒绝　　B. 参与　　C. 逃避

12. 从业人员患职业病需要暂停工作接受工伤治疗的,在停工留薪期内,原工资福利不变,由所在煤矿企业(　　)支付。

A. 按年　　B. 按季度　　C. 按月

13. 生活不能自理的工伤职工在停工留薪期需要护理的,由(　　)负责。

A. 职工本人　　B. 所在单位

C. 职工和所在单位共同

14. 从业人员因职业病死亡,其近亲属领取的一次性工亡补助金标准为:上一年度全国城镇居民人均可支配收入的(　　)倍。

A. 10　　B. 20　　C. 30

15. 煤矿企业必须安排主要负责人和领导班子成员下井带班,确保与工人(　　)。

A. 同时开班前会　　B. 同时排查隐患

C. 同时下井、同时升井

16. (　　),一般由安全色、几何图形和图形符号构成,其目的是要引起人们对危险因素的注意,预防生产安全事故的发生。

A. 安全警示标志　　B. 产品广告

C. 产品标志

17. 根据现行有关规定,我国目前使用的安全色中的(　　),表示禁止、停止，也代表防火。

A. 红色　　B. 黄色　　C. 绿色

18. 根据现行有关规定，我国目前使用的安全色中的(　　)，表示警告、注意。

A. 红色　　B. 黄色　　C. 绿色

19. 各煤矿企业对已确诊为尘肺的职工(　　)。

A. 必须调离粉尘作业岗位

B. 尊重病人意愿，是否继续从事粉尘作业

C. 由单位决定，是否从事粉尘作业

20. 在煤矿生产中，当生产与安全发生矛盾时必须坚持(　　)。

A. 安全第一　　B. 生产第一　　C. 完成任务第一

21. 劳动者连续工作(　　)年以上的，享受带薪年休假。

A. 1　　B. 2　　C. 3

22. 休息日安排劳动者工作又不能安排补休的，支付不低于工资的(　　)的工资报酬。

A. 150％　　B. 200％　　C. 300％

23. 煤矿用产品安全标志标识符号为(　　)。

A. GB　　B. MA　　C. KY

24.《国务院关于进一步加强企业安全生产工作的通知》规定，凡超能力、超强度、超(　　)组织生产的，要责令停产停工整顿。

A. 标准　　B. 定员　　C. 计划

25. 职工不得认定为工伤或者视同工伤的情形为(　　)。

A. 因工外出期间下落不明的　　B. 酗酒或自残的

C. 患职业病的

26. 乘坐架空乘人装置时，人员乘坐要保持一定距离，间距要大于(　　)m。

A. 4　　B. 5　　C. 6

27.（　　）矿井必须安装煤矿安全监控系统。

A. 高瓦斯矿井　　B. 煤与瓦斯突出矿井

C. 所有矿井

28. 从业人员在采煤工作面行走时，不得进入（　　）。

A. 采空区　　B. 支架下　　C. 避难硐室

29.（　　）是煤矿安全生产的最基层组织。

A. 班组　　B. 科室　　C. 区队

30. 人力推车时，一次一人只准推（　　）辆车。

A. 1　　B. 2　　C. 3

31. 井下人员需要休息时应选择作业地点附近的（　　）。

A. 安全地点　　B. 盲巷　　C. 机电硐室

32. 从业人员严禁用手扶或碰撞运行中的钢丝绳、牵引链及（　　）。

A. 支架　　B. 管道　　C. 皮带

33. 斜井提升的安全信号有声光信号，光信号为不同颜色的灯光，红灯表示停止，（　　）表示通行。

A. 黄灯　　B. 绿灯　　C. 蓝灯

34. 油料火灾不宜用（　　）灭火。

A. 干粉　　B. 沙子　　C. 水

35. 岩层温度随着矿井开采深度的增大（　　）。

A. 不变　　B. 下降　　C. 上升

36. 煤层产状要素是指走向、倾向和（　　）。

A. 断层　　B. 硬度　　C. 倾角

37. 急倾斜煤层，是指倾角为（　　）以上的煤层。

A. 30°　　B. 45°　　C. 60°

38. 断裂面两侧煤（岩）层产生明显位移的断裂构造称为（　　）。

A. 背斜　　B. 裂隙　　C. 断层

39. 上盘相对下降，下盘相对上升的断层称之为（　　）。

A. 正断层　　B. 逆断层　　C. 向斜

40. 煤矿井下爆破作业必须采用煤矿许用(　　)来起爆。

A. 火雷管　　B. 电雷管　　C. 导火索

41. 每个生产矿井必须至少有(　　)个能行人且通达地面的安全出口,各个出口间的距离不得小于 30 m。

A. 1　　B. 2　　C. 3

42. 斜井(巷)施工期间兼作人行道时,必须每隔(　　)m 设置躲避硐并设红灯。

A. 20　　B. 40　　C. 50

43. 采空区处理最常用的方法是(　　)。

A. 缓慢下沉法　　B. 全部垮落法

C. 充填法

44. 压入式局部通风机和启动装置,必须安装在进风巷道中,距掘进巷道回风口不得小于(　　)m。

A. 5　　B. 10　　C. 15

45. 采掘工作面回风巷风流中瓦斯浓度超过(　　)%或二氧化碳浓度超过 1.5%时,必须停止工作,撤出人员,采取措施,进行处理。

A. 0.5　　B. 0.75　　C. 1

46. 采掘工作面的空气温度不得超过(　　)℃,机电设备硐室的空气温度不得超过 30 ℃。

A. 25　　B. 26　　C. 28

47. 采掘工作面的进风流中,氧气浓度不低于 20%,二氧化碳浓度不超过(　　)%。

A. 2　　B. 1.5　　C. 0.5

48. 井下爆破必须由(　　)担任。

A. 班组长　　B. 瓦斯检查工　　C. 专职爆破工

49. 二氧化氮的主要来源是(　　)。

A. 采煤机割煤　　B. 井下爆破

C. 老空区

50. 综采工作面支护主要采用自移式液压支架，工作面上下出口(　　)m 范围内必须加强支护。

A. 10　　B. 20　　C. 30

51. 既可以隔断风流又能行人和通车的通风构筑物是(　　)。

A. 风桥　　B. 风墙　　C. 风门

52. 硫化氢是一种无色、微甜、带有(　　)且易溶于水的剧毒气体。

A. 臭鸡蛋味　　B. 硫黄味　　C. 无味

53. 采掘工作面的空气温度超过(　　)℃、机电设备硐室的空气温度超过 34 ℃时，必须停止作业。

A. 26　　B. 30　　C. 32

54. 可以调节风量的通风构筑物是(　　)。

A. 风窗　　B. 风墙　　C. 风桥

55. 巷道贯通前，(　　)停止一个工作面的作业。

A. 可以　　B. 不必　　C. 必须

56. 采煤工作面安全出口与巷道连接处 20 m 范围内的巷道高度不得低于(　　)m。

A. 2.6　　B. 1.6　　C. 1.0

57. 矿井按瓦斯等级分为低瓦斯矿井、高瓦斯矿井和(　　)矿井。

A. 突水　　B. 煤与瓦斯突出　　C. 冲击地压

58. 瓦斯常常积聚在巷道(　　)。

A. 上部　　B. 中部　　C. 下部

59. 瓦斯只在一定的浓度范围内爆炸，这个浓度范围称为瓦斯的爆炸界限，一般为(　　)。

A. 2%～17%　　B. 5%～16%　　C. 6%～20%

60. 矿井总回风流中瓦斯浓度超过(　　)%时，必须立即查明原因，进行处理。

A. 0.5　B. 0.75　C. 1.0

61. 以下属于煤与瓦斯突出预兆的是(　　)。

A. 煤炮声　B. 气温升高　C. 挂红

62. 以下属于煤与瓦斯突出预兆的是(　　)。

A. 挂汗　B. 煤壁外鼓　C. 气温升高

63. 以下属于透水预兆的是(　　)。

A. 水叫　B. 气温升高　C. 一氧化碳升高

64. 以下属于透水预兆的是(　　)。

A. 淋水增大　B. 淋水变小　C. 没有淋水

65. 以下属于透水预兆的是(　　)

A. 煤壁"挂蓝"　B. 煤壁"挂绿"　C. 煤壁"挂红"

66. 出现透水征兆时,应当立即停止作业,报告(　　),并发出警报,撤出所有受水威胁地点的人员。

A. 本区科　B. 矿调度室　C. 值班人员

67. 更换巷道支护时,在拆除原有支护前,应先(　　)。

A. 加固邻近支护B. 拆除邻近支护C. 架设永久支护

68. 属于采煤工作面顶板冒顶预兆的是(　　)。

A. 煤层变湿、挂汗

B. 顶板断裂声响的频率和音响增大

C. 气温异常、气味异常

69. 井下煤炭自燃易发生的地点是(　　)。

A. 机电硐室　B. 采空区　C. 运输大巷

70. 井下使用的汽油、煤油和变压器油必须装入(　　)内。

A. 盖严的铁桶 B. 盖严的木桶　C. 盖严的塑料桶

71. 巷道内能闻到较浓的煤油气味是(　　)的预兆。

A. 冒顶　B. 突水　C. 煤层自燃

72. 穿过带式输送机时,应该(　　)。

A. 从胶带上爬越　B. 从胶带下钻过　C. 走过桥

73. 斜巷乘坐人车时，必须要有(　　)。

A. 修理工　　B. 跟车人　　C. 电工

74. 矿灯应保持完好，发出的矿灯，最低应能连续正常使用(　　)h。

A. 8　　B. 11　　C. 14

75. 电气设备的检查、维护和调整，必须由(　　)进行。

A. 电气维修工　　B. 班组长　　C. 机电队长

76. 临时停工的地点，(　　)停风。

A. 必须　　B. 不得　　C. 应该

77. 矿工在井下遇到火灾事故时进行自救的重要装备是(　　)。

A. 自救器　　B. 瓦检仪　　C. 矿车

78. 为确保避灾、自救和互救的有效性，每个入井人员必须掌握矿井的(　　)。

A. 采区　　B. 工作面　　C. 避灾路线

79. 煤矿企业必须为入井人员配备额定防护时间不低于(　　)分钟的自救器。

A. 15　　B. 30　　C. 60

80. 隔离式自救器又分为化学氧和(　　)自救器两种。

A. 压缩氧　　B. 固体氧　　C. 液态氧

81. 井下发生人员重伤事故时，在场人员对受伤者应(　　)，并报告调度室。

A. 送出地面　　B. 立即抢救　　C. 打急救电话等待救援

82. 当物体扎入人员的身体时，应采用的救助方法是(　　)。

A. 拔出扎入的物体

B. 拔出扎入的物体实施加压包扎

C. 固定扎入的物体后送往医院

83. 创伤急救，必须遵守“三先三后”的原则，对出血伤员应该(　　)。

A. 先止血后搬运　　B. 先送医院后处置
C. 先搬运后止血

84. 创伤急救，必须遵守“三先三后”的原则，对骨折伤员应该(　　)。
A. 先搬运后止血　　B. 先固定后搬运
C. 先送医院后处置

85. 创伤急救，必须遵守“三先三后”的原则，对窒息或心跳呼吸刚停止不久的伤员应该(　　)。
A. 先搬运后止血　　B. 先固定后搬运
C. 先复苏后搬运

86. 对于脊柱受损的伤员，上下担架最好由(　　)人共同操作。
A. 1　　B. 3　　C. 4

87. 踝关节扭伤，为防止皮下出血和组织肿胀，在早期应选用(　　)。
A. 局部按摩　　B. 湿冷敷
C. 坐下休息不动

88. 进行心脏复苏时，病人的正确体位应为(　　)。
A. 仰卧　　B. 俯卧　　C. 侧卧

89. 井下用担架抬伤员时，应将伤员头部(　　)，这样使后面抬担架的人可以随时观察伤员的变化情况。
A. 向前　　B. 朝后　　C. 抬高

90. 从业人员(　　)违章指挥和强令进行没有职业病防护措施的作业。
A. 无权拒绝　　B. 有权拒绝
C. 必须听从

91. 煤矿企业应当对从业人员在岗期间进行定期职业卫生培训，每(　　)不少于 2 学时。
A. 年　　B. 季　　C. 月

92. 职业病诊断、鉴定费用由(　　)承担。

A. 个人　　B. 用人单位

C. 个人和用人单位共同

93. 接触煤尘的在岗人员职业健康检查周期为(　　)年1次。

A. 1　　B. 2　　C. 3

94. 接触岩尘的在岗人员职业健康检查周期为(　　)年1次。

A. 1　　B. 2　　C. 4

95. 接触噪声的在岗人员职业健康检查周期为(　　)年1次。

A. 1　　B. 2　　C. 5

96. 对遭受或者可能遭受急性职业病危害的劳动者,用人单位应当及时组织救治、进行健康检查和医学观察,所需费用由(　　)承担。

A. 个人　　B. 单位　　C. 个人和单位共同

97. 用人单位对不适宜继续从事原工作的职业病病人,应当(　　)。

A. 调离原工作岗位

B. 解除劳动合同并给予一次性补贴

C. 调离原岗位并妥善安置

98. 劳动者被诊断患有职业病,但用人单位没有依法参加工伤保险的,其医疗和生活保障由(　　)承担。

A. 个人　　B. 单位　　C. 个人和单位共同

99. 职业病诊断证明书须经(　　)审核盖章。

A. 承担职业病诊断的医疗卫生机构

B. 职业病防治机构

C. 卫生行政部门

100. 上岗前职业健康监护检查应在开始从事有害作业前完成,属于(　　)职业健康监护检查。

A. 自愿　　B. 协议　　C. 强制

101. 个体防尘要求作业人员佩戴防尘(　　)或防尘安全帽。

A. 眼镜　　B. 口罩　　C. 耳塞

102. 粉尘对人体的健康危害主要影响(　　)。

A. 消化系统　B. 呼吸系统　C. 神经系统

103. 目前我国法定职业病中发病率最高的是(　　)。

A. 尘肺病　B. 噪声聋　C. 苯中毒

104. 从业人员或者其近亲属认为是工伤,煤矿企业不认为是工伤的,由(　　)承担举证责任。

A. 煤矿企业　B. 从业人员　C. 企业工会

105. 用人单位对未进行离岗时职业健康检查的从业人员,(　　)解除或者终止与其订立的劳动合同。

A. 可以　B. 不得　C. 单方赔偿后

106. 疑似职业病病人诊断或者医学观察期间,用人单位(　　)解除或者终止与其订立的劳动合同。

A. 单方赔偿后　B. 可以　C. 不得

**【答案】**

| | | | | |
|---|---|---|---|---|
| 1. B | 2. A | 3. A | 4. B | 5. B |
| 6. B | 7. B | 8. B | 9. C | 10. A |
| 11. A | 12. C | 13. B | 14. B | 15. C |
| 16. A | 17. A | 18. B | 19. A | 20. A |
| 21. A | 22. B | 23. B | 24. B | 25. B |
| 26. B | 27. C | 28. A | 29. A | 30. A |
| 31. A | 32. C | 33. B | 34. C | 35. C |
| 36. C | 37. B | 38. C | 39. A | 40. B |
| 41. B | 42. B | 43. B | 44. B | 45. C |
| 46. B | 47. C | 48. C | 49. B | 50. B |
| 51. C | 52. A | 53. B | 54. A | 55. C |
| 56. B | 57. B | 58. A | 59. B | 60. B |
| 61. A | 62. B | 63. A | 64. A | 65. C |
| 66. B | 67. A | 68. B | 69. B | 70. A |

| | | | | |
|---|---|---|---|---|
| 71. C | 72. C | 73. B | 74. B | 75. A |
| 76. B | 77. A | 78. C | 79. B | 80. A |
| 81. B | 82. C | 83. A | 84. B | 85. C |
| 86. C | 87. B | 88. A | 89. B | 90. B |
| 91. A | 92. B | 93. B | 94. A | 95. A |
| 96. B | 97. C | 98. B | 99. A | 100. C |
| 101. B | 102. B | 103. A | 104. A | 105. B |
| 106. C | | | | |

## 煤矿井下主要禁止标志（Ⅰ）

| 符号 | 设置地点 | 符号 | 设置地点 |
|---|---|---|---|
|  禁带烟火 | 煤矿井口及井下 |  禁止酒后入井 | 人员出入的井口 |
|  禁止明火作业 | 禁止明火作业的地点 |  禁止启动 | 不允许启动的机电设备 |
|  禁止送电 | 变电所、移动电源开关停电检修等 |  禁止扒乘矿车 | 井下运输大巷交叉口、采区车场、扒车事故多发地段 |
|  禁止扒、蹬、跳人车 | 井下巷道，每隔50 m设一个 |  禁止蹬钩 | 串车提升斜井上下口 |
|  禁止跨、乘输送带 | 链板、带式输送机、钢丝绳牵引运输不许跨越的地方，每隔30 m设一个 |  禁止井下攀牵线缆 | 井下敷有电缆、信号线等巷道内 |

# 煤矿井下主要禁止标志（Ⅱ）

| 符号 | 设置地点 | 符号 | 设置地点 |
|---|---|---|---|
|  禁止入内 | 井下封闭区、瓦斯区、盲巷、废弃巷道及禁止人员入内的地点 |  禁止停车 | 井下禁止停放车辆的地段 |
|  禁止驶入 | 线路终点和禁止机车驶入的地段 |  禁止通行 | 井下危险区、爆破警戒处、不兼作行人的绞车道，材料道及禁止行人的通道口等 |
|  禁止放明炮、糊炮 | 井下采掘爆破工作面 |  禁止井下睡觉 | 井下各工序岗位和作业区 |
|  禁止同时打开两道风门 | 井下巷道风门处 |  禁止井下随意拆卸矿灯 | 井口、井下工作面 |
|  禁止穿化纤服装入井 | 人员出入的井口 | | |

## 煤矿井下主要警告标志（Ⅰ）

| 符号 | 设置地点 | 符号 | 设置地点 |
|---|---|---|---|
|  注意安全 | 提醒人们注意安全的场所及设备安置的地方 |   当心瓦斯 | 井下瓦斯集聚地段、盲巷口、瓦斯抽放地点、巷道高冒处 |
|  当心冒顶 | 井下冒顶危险区、巷道维修地段 |  当心火灾 | 井下仓库、爆炸材料库、油库、带式输送机、充电室和有发火预兆的地点 |
|   当心水灾 | 井下有透水或水患的地点 |   当心煤（岩）与瓦斯突出 | 井下煤（岩）与瓦斯突出危险区 |
|  当心有害气体中毒 | 井下 $CH_4$、CO、$H_2S$、$NO_x$ 等有害气体危险地点 |  当心爆炸 | 爆炸材料库、运送炸药和雷管的容器和设备上 |
|  当心触电 | 有触电危险部位 |  当心坠落 | 建井施工、井筒维修及井内高空作业处 |

## 煤矿井下主要警告标志（Ⅱ）

| 符号 | 设置地点 | 符号 | 设置地点 |
|---|---|---|---|
|  当心坠入溜井 | 井下溜煤眼、溜矿井、溜矿仓 |  当心片帮滑坡 | 井下有片帮滑坡危险的地段 |
|  当心矿车行驶 | 井下行人巷道与运输巷道交叉处、井下兼行人的倾斜运输巷道内 |  当心绊倒 | 井下地面有障碍物，绊倒易造成伤害的地方 |
|  当心滑跌 | 井下巷道有易造成伤害的滑跌地点 |  当心交叉道口 | 井下巷道交叉口处 |
|  当心弯道 | 井下巷道拐弯处 |  当心道路变窄（左、右、正向） | 井下巷道前方变窄的地段 |
|   当心发生冲击地压 | 井下有冲击地压危险的作业区域 | | |

## 煤矿井下主要指令标志

| 符号 | 设置地点 | 符号 | 设置地点 |
| --- | --- | --- | --- |
| <br>必须戴安全帽 | 人员出入井口、更衣房、矿灯房等醒目地方 | <br>必须携带自救器 | 入井口处、更衣室、领自救器房等醒目地方 |
| <br>必须携带矿灯 | 入井口处、更衣房、矿灯房等醒目地方 | <br>必须穿戴绝缘保护用品 | 井下变配电所（硐室） |
| <br>必须系安全带 | 建井施工处、井筒检修地点 | <br>必须戴防尘口罩 | 井下打眼施工、炮烟区 |
| <br>必须桥上通过 | 井下设有人行桥的地方 | <br>必须走人行道 | 井下人行道两端 |
| <br>鸣笛 | 井下机车通过巷道交叉处、道岔口和弯道前20～30 m鸣笛处 | <br>必须加锁 | 剧毒品、危险品库房等地点 |

## 煤矿井下主要路标、铭牌、提示标志

| 符号 | 设置地点 | 符号 | 设置地点 |
|---|---|---|---|
| <br>紧急出口<br>（左、右向） | 设在井下采区安全出口路线上(间隔 100 m)和改变方向处 | <br>躲避硐 | 井下通往躲避硐室的通道及躲避硐入口处 |
| <br>急救站 | 井下通往急救站通道上 | <br>爆破警戒线 | 井下爆破警戒线处 |
| <br>沉陷区 | 井下地表沉陷滑落区 | <br>前方慢行 | 井下风门、交叉道口、弯道、车场、翻罐等须减速慢行的地点 |
| <br>运输巷道 | 井下运输巷道 | <br>指示牌 | 根据需要自行设置 |
| <br>避火灾、瓦斯爆炸路线 | 井下躲避火灾、瓦斯、煤尘爆炸的通道上 | <br>瓦斯巡检牌 | 井下采、掘工作面等要求设置的地点 |